RECHERCHES

SUR LA

DISTRIBUTION GÉOGRAPHIQUE

DES

MUSCINÉES

DANS LE DÉPARTEMENT DE L'ORNE

ET

CATALOGUE MÉTHODIQUE

DES

ESPÈCES RÉCOLTÉES DANS CETTE RÉGION

PAR

A.-L. LETACQ

Extrait de la REVUE DE BOTANIQUE

AUCH

IMPRIMERIE ET LITHOGRAPHIE G. FOIX, RUE BALGUERIE

1885

RECHERCHES

SUR LA

DISTRIBUTION GÉOGRAPHIQUE DES MUSCINÉES

RECHERCHES

SUR LA

DISTRIBUTION GÉOGRAPHIQUE

DES

MUSCINÉES

DANS LE DÉPARTEMENT DE L'ORNE

ET

CATALOGUE MÉTHODIQUE

DES

ESPÈCES RÉCOLTÉES DANS CETTE RÉGION

PAR

A.-L. LETACQ

Extrait de la REVUE DE BOTANIQUE

AUCH

IMPRIMERIE ET LITHOGRAPHIE G. FOIX, RUE BALGUERIE

1885

RECHERCHES

SUR LA

DISTRIBUTION GÉOGRAPHIQUE DES MUSCINÉES

DANS LE DÉPARTEMENT DE L'ORNE

ET

CATALOGUE MÉTHODIQUE

DES

ESPÈCES RÉCOLTÉES DANS CETTE RÉGION

Par A.-L. LETACQ.

INTRODUCTION

Le premier travail composé sur la bryologie Ornaise remonte au commencement du siècle. Renault, alors professeur d'histoire naturelle à Alençon, publia en 1804 sa *Flore de l'Orne*, où il indique une quarantaine de Mousses et d'Hépatiques, vulgaires pour la plupart, récoltées sur différents points de notre département. Cette énumération, faite d'après la nomenclature et l'ordre systématique de Linné, mérite peu de confiance; les stations attribuées par Renault à plusieurs espèces prouvent des erreurs de détermination et m'ont empêché de reproduire les renseignements fournis par cet auteur.

Il faut arriver jusqu'à de Brébisson pour trouver sur les Muscinées de l'Orne des études faites avec soin. Dès 1825, cet illustre botaniste faisait dans l'Orne des excursions couronnées de succès et en publiait les résultats dans ses *Mousses de la Normandie* (8 fascicules: 1826-1839) et dans sa *Liste des Hépatiques* de cette province (1840?). C'est surtout depuis une quinzaine d'années que notre végétation bryologique a été, sur beaucoup de points à la fois, l'objet de travaux sérieux et patiemment poursuivis. M. Husnot a visité les environs de Tinchebray, Domfront, Flers, Athis et Putanges; ses observations dans l'Orne, ainsi que celles de plusieurs autres botanistes : MM. Hommey, Duterte, Letacq, Réchin, etc., ont été consignées dans la *Flore des Mousses* et le *Catalogue analytique des Hépatiques du Nord-Ouest* (1). Les incessantes et actives recherches de M. le Dr Hommey, de Sées, ont enrichi notre Flore d'un grand nombre d'espèces; ce botaniste, qui s'est consacré à la bryologie depuis longtemps, a découvert près de deux cents Mousses, dans un rayon relativement restreint, autour de cette ville. M. Duterte, l'auteur d'un excellent *Catalogue des Plantes phanérogames d'Alençon*, a fait aussi dans cette contrée d'abondantes récoltes de Mousses et d'Hépatiques. La partie de notre région qui avoisine la Sarthe, en particulier les alentours de Bellême et de Pervenchères ont été parcourus attentivement par MM. Chevallier et Rèchin; les *Muscinées des environs de Mamers* (1879), par M. Chevallier, renferment sur notre Flore d'utiles renseignements. M. Olivier, le savant auteur de la *Flore des Lichens de l'Orne*, et M. Roucy ont encore fourni de bonnes indications sur plusieurs localités : Bazoches-en-Houlme, Tinchebray, Saint-Pierre-d'Entremont, etc. Moi-même j'ai fait dans notre département de nombreuses excursions à la recherche des Muscinées : Mortagne et les environs de cette ville, Courgeoult, Saint-Langis, Coulimer, le Pin-la-Garenne, Mauves, la forêt de Réno, les bois du Val-Dieu, la forêt du Perche, la Trappe, — Sées, la forêt d'Ecouves, La Chapelle, la Ferrière-Béchet, Neauphe, Boitron, Aunou-sur-Orne, Chailloué, Macé, Mortrée, etc., — Ecouché, Argentan, Mesniglaise, La Courbe, Batilli, Joué-du-Plain, Vieux-Pont, Fontenay-sur-Orne, ont été successivement et pendant plusieurs années le champ d'explorations assidues; le résultat de mes études sur la bryologie d'Ecouché a été publié dans le *Bulletin de la Société scientifique d'Argentan* (1884). J'ai visité aussi un grand nombre de localités dans le nord-est de la région, près de Laigle, de la Ferté-Fresnel, de Gacé et de Vimoutiers.

Parmi les botanistes qui ont étudié notre Flore bryologique, sans en faire l'objet d'un travail spécial, je citerai encore M. Gillet, si connu par sa belle publication des *Hyménomycètes de la France*, et

(1) Voir sur ces livres un article intitulé : Ouvrages publiés sur la Flore de l'Orne (*Bulletin de la Soc. scientifique d'Argentan*, 1883). — Voir aussi plusieurs articles que j'ai fait paraître dans l'*Echo de l'Orne* (1877) sous ce titre : *Statistique botanique du département de l'Orne*, par A. Letacq, professeur au collège de Mortagne.

mon excellent ami Paul Alexandre, enlevé naguère aux sciences naturelles qu'il cultivait avec tant de succès.

Qu'il me soit permis de remercier ici publiquement M. Husnot, ce savant bryologue, auquel de nombreuses et importantes publications ont valu, il y a deux ans, le prix Desmazières de l'Institut de France. C'est à son instigation et aidé de ses conseils que j'ai composé ce modeste travail; il a bien voulu revoir une grande partie de mes récoltes, confirmer ou rectifier mes déterminations et leur donner ainsi la valeur de sa haute autorité.

MM. Husnot, Hommey, Duterte et plusieurs autres correspondants m'ont aussi communiqué les échantillons des raretés qu'ils ont recueillies chacun dans leur région. Ces échantillons, ajoutés aux matériaux que j'ai moi-même amassés, m'ont permis de former l'*Herbier des Muscinées de l'Orne*, qui restera comme les pièces justificatives du Catalogue que je publie aujourd'hui.

RECHERCHES

SUR LA

DISTRIBUTION GÉOGRAPHIQUE DES MUSCINÉES DANS L'ORNE

La distribution géographique des végétaux étant, comme on le sait, soumise à deux causes : les influences atmosphériques (1) et le terrain dans lequel ils implantent leurs racines, il s'agit de rechercher ici les relations qui se manifestent entre les Muscinées et le sol ou les conditions météorologiques de notre pays. Mais il est nécessaire de donner d'abord sur la géographie physique de l'Orne quelques notions indispensables à notre sujet.

(1) Flourens appelle cette cause la *loi des climats* (*Ontologie naturelle; Géographie zoologique*, p. 221). L'objet de la géographie botanique serait encore d'étudier les modifications qu'ont éprouvé les végétaux dans la succession des âges, par suite du changement des milieux où ils vivaient primitivement, mais au moins dans l'éclat actuel de la science, cette question est encore insoluble.

Orographie et Géologie (1). — Le territoire de notre département est traversé de l'est à l'ouest par la chaîne des collines du Perche et de la Normandie, qui présente une hauteur moyenne de 285 mètres au-dessus du niveau de la mer, et formé de deux surfaces à pentes opposées constituant les versants de la Manche et de l'Océan Atlantique. De cette chaîne ou axe principal divergent de nombreux contreforts perpendiculaires à cet axe, et donnant eux-mêmes naissance à des lignes de faite de troisième, de quatrième ordre, etc., en sorte que le département de l'Orne peut être assimilé à une vaste surface convexe en forme de toit dont l'arête serait la chaîne des collines de Normandie et dont les pans, presque également inclinés vers le nord et le sud, sont formés par des vallons et des coteaux, qui viennent en s'élargissant se fondre avec les plaines des contrées voisines.

Considéré au point de vue de sa constitution géologique, le département de l'Orne se divise en trois zones parfaitement distinctes : les *terrains primordiaux* en occupent la portion occidentale; les *terrains secondaires*, la partie centrale, celle comprise à peu près entre deux lignes droites, tirées l'une d'Alençon à Ecouché, l'autre de Rémalard à Vimoutiers; à l'est de cette dernière ligne se montrent exclusivement les couches du *terrain tertiaire*, recouvert sur les plateaux par le *diluvium*.

A. C'est dans la partie occidentale correspondant aux terrains primitifs et de transition que se remarquent les cimes les plus hautes de la contrée. Il convient de citer, en allant de l'est à l'ouest : Butte Chaumont, au nord-ouest d'Alençon, 378 mètres; dans la forêt d'Ecouves, le Carrefour à Madame, 402 mètres; le Carrefour de la Croix de Médavi, 400 mètres; le Carrefour de la Verrerie, 417 mètres, point culminant du département et de toute la France du nord-ouest; les bois de Goult, 382 mètres; collines de Carrouges, aux sources de l'Udon, 372 mètres; mont du Four, près Saint-Georges-d'Annebecq, 315 mètres; mont d'Hère, 314 mètres; butte de Charlemagne, à la Coulonche, 318 mètres; forêt des Andaines, 365 mètres; forêt d'Halouze, 303 mètres; butte de Brimbal à Saint-Christophe-de-Chaulieu, 337 mètres; mont Margantin, au sud de Domfront,

(1) Cfr. : *Notice géologique et météorologique sur le Département de l'Orne* (1871); *Cartes de l'Etat-Major*; *Géographie de l'Orne*; *Etudes géologiques sur le département de l'Orne*, par Blavier (1842); *Note sur le Grès de Sainte-Opportune et la Formation liasique dans l'Orne*, par J. Morière (1863); *Notes sur les terrains jurassiques de Sainte-Scolasse*, par Bachelier (1850); *Notes diverses publiées dans le Bulletin de la Société linnéenne de Normandie*, par Morière, Letellier, etc.

370 mètres. Ces collines, souvent escarpées, abruptes, forment entre elles des vallées profondes, des gorges étroites; elles sont parsemées d'innombrables accidents rocheux, la plupart d'un volume considérable, et recouvertes à leur sommet et sur leurs versants, dans une foule d'endroits impropres à la culture, par des bois, des bruyères, de vastes forêts, parmi lesquelles les forêts d'Andaine et d'Ecouves méritent une mention spéciale. Sur ces coteaux boisés, l'essence dominante est le chêne (*Quercus pedunculata* et *Quercus sessiliflora*, mais beaucoup plus rare que le précédent); viennent ensuite le hêtre, le frêne, le pin (*Pinus silvestris*), les sapins (*Abies pectinata* et *excelsa* : ces conifères ne sont pas spontanés), le bouleau (*Betula alba*), le tremble (*Populus tremula*) dans les endroits humides et marécageux.

Sous le rapport géologique, cette région est constituée uniquement par des terrains de nature siliceuse : le granite, les schistes cambriens, les grès quartzeux, les schistes siluriens.

Le granite s'étend sur un grand nombre de communes des cantons d'Athis et de Putanges; il forme le bassin de la Rouvre depuis Crasménil jusqu'à son embouchure dans l'Orne. On voit encore cette roche à Cérisi, Tinchebray, Landisacq, Chanu, Saint Jean-des-Bois, Lonlay-l'Abbaye, Passais, près de Juvigny, de la Ferté-Macé, à Joué-du-Bois, au Champ-de-la-Pierre, à Montreuil-au-Houlme, entre Vieux-Pont et Joué-du-Plain dans la vallée de l'Udon, et enfin près d'Alençon à l'ouest de la ville.

Les schistes cambriens occupent une vaste étendue aux environs de Briouze, de Messei, de Flers et de Tinchebray; ils se trouvent aussi près de Domfront, à Juvigny, la Ferté-Macé, Carrouges, Boucé, Joué-du-Bois. Une autre bande part de Sérans et se continue par Mesniglaise, Batilli, Montgaroult, Giel, sur la rive droite de l'Orne, jusqu'à la limite du département. Dans le voisinage du granite, ces roches ont subi un métamorphisme plus ou moins complet qui leur a fait acquérir une dureté et une texture cristalline caractéristiques, comme on en voit des exemples remarquables à Mesniglaise, Montgaroult, La Courbe et Ménil-Jean.

Le terrain de grès quartzeux constitue sur le sol du dépt. de l'Orne deux massifs principaux correspondant à des reliefs prononcés, qui dominent toute la contrée qui les entoure, l'un est le massif d'Ecouves, l'autre celui d'Andaine, du nom des deux vastes forêts, qui recouvrent la majeure partie de leur surface. Les quartzites d'Ecouves s'étendent sur les cantons d'Alençon (Ouest), de Carrouges, de Sées, de Mortrée et s'avancent jusqu'à Fleuré près d'Ecouché. Des pointes plus ou moins volumineuses de quartz grenu percent l'oolithe à Nauphe-sur-Essay, Boitron, Macé, Chailloué, et au nord d'Argentan à Rônai et Villedieu-les-Bailleul. Le massif d'Andaine forme une longue bande de Ciral à Domfront, en jetant un rameau qui s'étend vers le Chatellier et la forêt de Saint-Clair de Halouze.

Les schistes siluriens sont principalement constitués, dans l'Orne, par les schistes argileux, la grauwacke schisteuse, les schistes ampéliteux. Une première bande de schiste et de grauwacke part de la Bellière et se continue par Boucé, Vieux-Pont, Sainte-Marie-la-Robert, Rasne, Saint-Georges d'Annebecq, le Grais jusqu'à Brionze; une autre se remarque sur les cantons de Juvigny, Passais et Domfront, et une troisième enfin au Nord-Ouest d'Argentan, à Rônai, Bazoches, Neuvi-en-Houlme. Les schistes ampéliteux forment autour du massif quartzeux d'Ecouves, une sorte de ceinture que l'on peut suivre sur Saint-Nicolas-des-Bois, Radon, Tanville, Saint-Hilaire-la-Gérard, la Ferrière-Bechet, Saint-Laurent de Sées, La Chapelle, Vingt-Hanaps.

Il est inutile de signaler ici les gneiss, les porphyres, les conglomérats porphyritiques; ces accidents ont trop peu d'étendue dans notre région, pour acquérir une véritable importance au point de vue qui nous occupe.

Le lias, enclavé au milieu des roches primitives, est formé lui-même par des terrains siliceux : grès de Sainte-Opportune, Brionze, Sainte-Honorine-la Guillaume, terrains à minerai de fer, présentant à la surface du sol un sable argileux d'une teinte rougeâtre fortement nuancée (Sérans, Sevrai, Joué-du-Plain, Saint-Brice, Saint-Ouent-sur-Maire, Lougé, Faverolles).

B. La ligne qui sépare les formations siliceuses des calcaires jurassiques passe à peu près par les localités suivantes : Bazoches-en-Houline, Hablovlle, Vaux-le-Bardoul, Montgaroult, Sérans, Sevray, Joué du-Plain, Loucé, Fleuré, Vrigny, Montmerrei, Bel-fonds, La Chapelle-près-Sées, Vingt-Hanaps, Radon, Cuissai, Alençon. A l'est de ces localités, on ne trouve plus que les terrains de la période secondaire, qui se continuent jusqu'à la limite indiquée plus haut.

La région du calcaire jurassique inférieur présente une physionomie bien différente de celle que nous venons d'étudier. Au lieu de collines, ce sont de vastes plaines très bien nivelées et légèrement inclinées en sens divers. Elles forment au centre du département, de la Sarthe au Calvados, une bande à peine interrompue, orientée du sud au nord, passant par Alençon, Sées, Mortrée, Écouché, Argentan et Trun. La largeur de cette bande varie de 10 à 20 kilomètres, et son altitude oscille entre 150 et 200 mètres. Les conditions physiques y sont peu variées : nulle part le sol ne forme d'accidents rocheux si favorables au développement des mousses; il est rarement boisé. L'oolithe inférieure et la grande oolithe, bordées à Sérans et Habloville par les calcaires à Bélemnites du Lias, et constituées elles-mêmes par des calcaires sableux, marneux, à grains nombreux de quartz, calcaires à polypiers, dominent exclusivement dans ces plaines.

La portion de territoire qui correspond aux étages moyen et supérieur de l'oolithe et au terrain de craie est beaucoup plus accidentée. C'est un vaste ensemble de collines à contours arrondis, rarement abrupts, orientées dans la direction générale, et dont l'altitude ne dépasse pas 350 mètres En général, le fonds des vallées, qui sépare ces collines, est occupé par des prairies, les versants par des champs en culture, des prairies artificielles: le sommet est plus souvent recouvert de bois. L'oolithe moyenne et supérieure sont représentées dans l'Orne par l'oxfordien (environs d'Alençon, Courtomer, Sainte-Scolasse, Champ-Haut, le Merlerault, Exmes, Ecorches, Coudehard, Vimoutiers), le corallien (Vimoutiers, Gacé, Echauffour, Mortagne où il prend une grande extension au nord et à l'ouest de la ville), le Kimméridgien (Mortagne et Bellême). Ce sont ordinairement des calcaires plus ou moins sableux, alternant avec des argiles et des sables, qui produisent ainsi une grande variété dans la végétation.

Les terrains crétacés, représentés dans l'Orne par le grès vert, la craie chloritée et les marnes argileuses et calcaires, se voient surtout au sud de Mortagne et couvrent de grands espaces dans les cantons de Mortagne, Longny, Rémalard, Le Theil, Bellême et Pervenchères On trouve encore quelques lambeaux de cette formation près du Mesle-sur-Sarthe, aux environs d Argentan, d'Exmes, de Trun et du Merlerault, et dans le fond des vallées au nord-est du département, vallées de la Vie, de la Touque, du Guiel, de la Charentonne et de la Rille. Le grès vert se voit en particulier à Mortagne (au bas de la ville, sur la route de Mauves), Bellême, Moutiers-au-Perche et domine sur une longue bande assez étroite partant de Moulins-la-Marche et se continuant par la Genevraie, Nonant, le Pin-au-Haras, jusqu'à Montabard. La forêt de Silli près d'Argentan repose sur la formation crétacée.

C. Les terrains tertiaires occupent le Nord-Est de la région, et s'étendent dans les cantons de Vimoutiers, Gacé, La Ferté-Fresnel, Laigle, Tourouvre, Longny, Rémalard. La marne du terrain crétacé, recouverte sur presque tous les points par des nappes diluviennes d'une épaisseur variable, occupe le fonds des vallées. Sur les versants des collines on trouve les différentes couches du terrain tertiaire; ce sont des sables siliceux, ferrifères, alternant avec des argiles, des sables, des lits de silex sans trace apparente de calcaire. Ces terrains sont recouverts d'une manière constante sur les plateaux par le diluvium.

Le sol revêtu dans une mesure variée de prairies, de champs en culture, est beaucoup plus boisé que dans la région précédente. Les forêts de Chaumont (308 m.), de Saint-Evroult (302 m.), de Moulins (304 m.), de Bousmoulins (293 m.), de la Trappe (240 m.), du Perche (303 m.), de Longni (212 m.), recouvrent le diluvium sur une ligne à peine interrompue d'une longueur de près de 60 kilomètres. La forêt de Réno, et les bois du Val-Dieu (239 m.), la forêt de Bellême (220 m.), reposent sur des sables siliceux tertiaires.

Hydrographie.— De nombreux cours d'eau appartenant aux bassins de la Manche et de l'Océan Atlantique arrosent le département de l'Orne, où ils prennent tous naissance à cause du relief des collines du Perche et de la Normandie au-dessus des départements voisins.

Dans la partie occidentale, la Varenne, le Noireau, la Mayenne, la Vère, la Rouvre, l'Orne, l'Udon et une multitude prodigieuse de rivières moins importantes et de ruisseaux coulant sur un sol imperméable, maintiennent partout la fraîcheur et l'humidité nécessaires à nos petites plantes. Les accidents rocheux si fréquents dans cette région, et plus particulièrement les granites, les schistes cambriens métamorphiques les grès quartzeux, laissent échapper sur une foule de points des suintements d'eau à travers leurs fissures. Il convient encore de citer, parmi les stations aquatiques intéressantes au point de vue qui nous occupe, les Tourbières du Grand-Hazé entre Briouze et Bellou-en-Houlme à 200 mètres d'altitude, et à quelque distance de là les marais du Grais. Dans les bois et les bruyères, les dépressions du sol occupées par de petits dépôts tourbeux, où croissent les *Betula alba, Salix repens, Salix caprœa*, sont encore des stations très favorables aux Muscinées. On peut citer, comme exemple de ce fait dans la forêt d'Ecouves, les riches localités de la Chapelle-près-Sées, la Ferrière-Béchet, la Lande-de-Goult.

Sur les terrains jurassiques et crétacés, les cours d'eau ne sont pas moins abondants, mais, en général, les rivières et ruisseaux coulant sur des pentes faibles et ne formant point de cascades, sont dès lors peu favorables à la végétation bryologique. De plus à cause de la perméabilité du sol, les stations aquatiques et marécageuses sont peu fréquentes, les tourbières font complètement défaut: les prairies submergées pendant l'hiver, par exemple les grandes prairies des bords de l'Orne aux environs d'Argentan et d'Ecouché, n'offrent que très peu d'intérêt au bryologiste herborisant.

Dans le nord-est du département, nous n'avons à signaler que les tourbières ordinairement peu étendues, mais assez nombreuses, dans les bois et les forêts de Chaumont, de Saint-Evroult, de la Trappe, du Perche, etc, sur le diluvium des plateaux.

Influences météorologiques.

I. *Météorologie de l'Orne* (1). — Le climat du département de l'Orne est le climat séquanien dont M. Ch. Martins résume ainsi les caractères principaux : « Le climat du N.-O. de la France est un climat égal ou marin dont les caractères se prononcent d'autant plus qu'on approche davantage de la mer... Les hivers sont moins rigoureux que dans l'Est, plus froids que dans le Midi; de là une température relativement uniforme dans le cours de l'année, du mois et du jour... Les pluies d'automne l'emportent sur les pluies d'été et d'autant plus qu'on se rapproche de l'Océan. La moyenne du nombre des jours de pluie est aussi plus grande en automne qu'en été ». Des détails précis sur la température, le régime pluvial, l'état hygrométrique de l'air compléteront ces indications générales.

(1) Les indications consignées ici ont été extraites des Mémoires suivants : *Météorologie de la France*, par Ch. Martins; *Notices géologique et météorologique sur le dépt. de l'Orne* (1871); *Notices sur les travaux de la commission scientifique de l'Orne* pour les années 1876, 1877, 1878, 1879, 1880, 1881. Les observations données dans ces Notices ont été faites dans douze stations agricoles : Champ-Haut (300 mt. d'alt.), Mortagne (240 mt.), Bellême (221 mt.), Flers (214 mt.), Laigle (205 mt.), La Ferté-Macé (205 mt.), Gacé (200 mt.), Domfront (199 mt.), Sées (192 mt.), Argentan (164 mt.), Alençon (148 mt.), Rémalard (126 mt.) Les observations faites dans les stations forestières d'Andaine, d'Écouves, du Perche, de Bonsmoulins ne sont pas suffisantes pour fournir des conclusions définitives. Toutefois les températures notées jusqu'ici dans ces forêts sont comprises dans les limites indiquées plus haut pour les stations agricoles.

Température. — La température moyenne annuelle du département de l'Orne est de 9°,5; celle des saisons se répartit ainsi : Hiver 2°,8; Printemps 8°,9; Été 13°6; Automne 9°7. Ces nombres varient assez peu d'une station à l'autre; ainsi les températures moyennes les plus élevées ont été observées à Alençon 10° et à Domfront 10°5, et les plus basses à la Ferté-Macé 9°, à Argentan 8°,7. L'altitude ne peut ici entrer en ligne de compte, car à Champ-Haut la moyenne annuelle est de 9°,6 et à Rémalard de 9°,5.

La température hibernale varie à peine de 1°,5 sur toute la surface de la région; elle est de 2°,3 à Rémalard, de 2°,4 à Laigle, de 3°,3 à Alençon et Flers, de 3°,7 à Domfront. Depuis le mois d'octobre jusqu'au mois d'avril, le thermomètre descend fréquemment au-dessous de zéro, et dans la plupart des localités les gelées se font sentir jusqu'en mai. A Laigle le thermomètre a marqué-0°,5, au mois de juin 1881. La moyenne estivale de 15,°4 à Argentan, 16° à Gacé remonte à 17°,2 à Mortagne et Alençon, à 17°,7 à Domfront; celle de l'automne est, dans toutes les stations à quelques dixièmes de degré près en plus ou en moins, la même que la température moyenne annuelle. La moyenne du printemps varie de 7°,8 et 8° à Argentan et la Ferté-Macé jusqu'à 9°,3 à Domfront et Alençon.

Régime pluvial. — Le nombre moyen des jours de pluie est pour le département de 168. C'est à Gacé et Bellême que ce nombre est le plus élevé (202), et à Domfront, Argentan et Champ-Haut, qu'il est le plus faible (155, 147, 119). La quantité moyenne annuelle de pluie est de 939 mm. pour la région; elle atteint son maximum dans l'Ouest du dépt, en particulier à Domfront (1070) et dans la forêt d'Andaine (1,134), et descend au minimum à Argentan (734 mm.). Dans presque toutes les stations ce sont les pluies d'automne qui sont prépondérantes.

Humidité de l'air et état du ciel. — L'état hygrométrique de l'air est de 0,65 à Gacé, de 0,75 à Laigle et Alençon, de 0,84 à Domfront. — Le rapport des jours clairs aux jours couverts de 0,60 et 0,65 à Champ-Haut et la Ferté-Macé s'élève à 0,82 et 0,85 à Argentan, Mortagne et Domfront.

II, *Régions bryologiques.* — On voit par cet exposé que le climat du département de l'Orne, en raison de l'humidité de l'atmosphère, de la température moyenne, de l'état du ciel, du nombre des jours de pluie, de la prédominance des pluies d'automne, favorise la végétation des Muscinées. La plupart de nos petites plantes achèvent de mûrir leurs capsules au printemps et à l'automne; en été elles souffrent de la trop grande chaleur, et en hiver, elles ne sont pas, comme dans les montagnes, suffisamment abritées par la neige contre les rigueurs du froid. Ce dernier fait explique encore la stérilité habituelle d'un grand nombre d'espèces. — Le climat détermine les régions bryologiques. M. l'abbé Boulay dans ses *Etudes sur la distribution géographique des Mousses en France* a établi trois grandes régions : la *région méditerranéenne*, la *région des forêts* ou *silvatique*, la *région alpine*. La *région silvatique* est subdivisée à son tour en trois zones; la *zone inférieure*, la *zone moyenne* et la *zone subalpine*. Dans notre département, la région méditerranéenne et les zones silvatiques inférieure et moyenne se trouvent confondues et non superposées, comme dans les montagnes, bien que toutefois la prépondérance reste aux zones silvatiques; la zone subalpine des forêts et la région alpine n'y sont pas représentées. L'altitude ne pouvant servir à expliquer l'association des espèces du midi avec celles du nord, il faut en rechercher la cause dans la diversité des terrains et la différence des expositions (1).

A. Les températures moyennes les plus hautes observées dans les stations météorologiques de l'Orne (10° à Alençon, 10°,5 à Domfront) correspondent à peine à la limite supérieure (10°,81) de la région méditerranéenne, mais il est facile de comprendre que dans les endroits exposés au midi, à l'abri des vents du nord, spécialement sur les calcaires jurassiques plus chauds que les terrains siliceux, la température moyenne devra être sensiblement plus élevée que celle des stations, et alors on pourra expliquer la présence dans

(1) Ce mélange des plantes du midi avec celles du nord se montre avec autant d'évidence chez les Phanérogames. Il suffira de citer parmi les premières : *Ranunculus gramineus*, *Corydalis claviculata*, *Fumaria Vaillantii*, *Barbarea præcox*, *Androsæmum officinale*, *Ononis columnæ*, *Ononis minutissima*, *Medicago Gerardi*, *Trifolium resupinatum*, *Dorycnium decumbens* (Accidentel Heugon 1878), *Lotus angustissimus*, *Lythrum hyssopifolia*, *Centaurea solstitialis*, *Erica ciliaris*, *Exacum Candolii*, *Anthirrinum majus*, *Teucrium montanum*, *Scutellaria minor*, *Anagalis tenella*, *Alisma natans*, *Orchis coriophora*, *Narcissus biflorus*, *Avena strigosa*, et parmi les espèces à tendances boréales : *Aconitum napellus*, *Parnassia palustris*, *Acer pseudoplatanus*, *Geranium pyrenaicum* (A. C. aux envions d''Argentan), *Ononis striata*, *Vaccinium Vitis-Idea*, *Vaccinium myrtillus*, *Pyrola rotundifolia*, *P. minor*, *Gentiana campestris*, *Veronica montana*, *Stachys alpina*, *Polygonum bistorta*, *Orchis albida*, *Aceras hircina*, *Luzula maxima*, *Sesleria cœrulea*. (Cfr. Ch. Martins : *Géographie botanique de la France* dans *Patria*).

notre département des espèces suivantes qui ont leur centre de dispersion dans la région méditerranéenne :

Campylopus polytrichoides
Fissidens decipiens
Phascum bryoides
— rectum
— curvicollum
Pottia cavifolia
— minutula
— Starkeana
Trichostomum tophaceum
— mutabile
— crispulum
— convolutum
Barbula ambigua
— aloides
— membranifolia
— Brebissonii
— vinealis
— Hornschuchiana
— squarrosa
— canescens
Cinclidotus fontinaloides
Grimmia crinita
— orbicularis
— leucophoea
Orthotrichum tenellum
— diaphanum
— cupulatum
Zygodon viridissimus
Physcomitrium ericetorum
— fasciculare
Funaria calcarea
Bryum carneum
— atropurpureum
— murale
Leptodon Smithii
Pterogonium ornithopodioides
Hypnum illecebrum
— tenellum
— megapolitanum.

B. La température moyenne annuelle du dépt. de l'Orne est la température des contrées de l'est de la France où M. l'abbé Boulay admet la zone silvatique inférieure (1); presque toutes les espèces citées par cet auteur, comme plus ou moins caractéristiques de cette zone, se retrouvent dans notre région. Mentionnons notamment :

Weisia cirrhata
Dicranum rufescens
— spurium
— montanum
— palustre (st.)
Fissidens exilis
— taxifolius
Acaulon muticum
Pottia truncata
Didymodon luridus
— flexifolius
Pleuridium alternifolium
Pleuridium subulatum
Leptotrichum pallidum
Barbula revoluta
— latifolia
— papillosa
— lœvipila
— ruralis
— pulvinata
Grimmia trichophylla
— commutata
— montana
Orthotrichum Bruchii

(1) *Etudes sur la distribution géographique des mousses en France*, p. 113.

Orthotrichum crispum
— crispulum
— Lyellii
— pumilum
— pallens
— fallax
— obtusifolium
— rivulare
Tetraphis pellucida
Schistostega osmundacea
Ephemerum serratum
Physcomitrella patens
Physcomitrium piriforme
Leptobryum piriforme
Bryum erythrocarpum
— alpinum (st.)
Mnium rostratum
— cuspidatum
— stellare
Bartramia marchica
Pogonatum urnigerum
Polytrichum formosum
Diphyscium foliosum
Neckera pumila
Homalia trichomanoides
Leskea polycarpa
Climacium dendroides.
Antitrichia curtipendula
Cylindrothecium concinnum
Hypnum piliferum
— Stokesii
— confertum
— murale
— alopecurum
— denticulatum
— polygamum
— riparium
— aduncum
— arcuatum
— cordifolium
— giganteum
— Schreberi
— splendens
— squarrosum
— triquetrum
— brevirostrum.

Les *Bryum alpinum*, *Climacium dendroides*, *Antitrichia curtipendula*, *Hypnum triquetrum*, *brevirostrum*, *splendens*, *Schreberi*, *alopecurum*, caractérisent la zone inférieure par leur stérilité habituelle; ils sont fertiles et plus communs encore dans la zone moyenne.

C. D'autres Muscinées, en sens inverse des espèces de la région méditerranéenne, recherchent les endroits exposés au nord, les lieux humides et ombragés, les terrains siliceux plutôt que les sols calcaires et représentent la zone moyenne dans l'Orne Citons :

Weisia fugax
Dicranum Bruntoni
— scoparium var. recurvatum
— pellucidum
— cerviculatum
— undulatum
— majus
Campylopus flexuosus
Fissidens adianthoides
Leptotrichum homomallum
Racomitrium lanuginosum
Aulacomnium androgynum
Polytrichum commune
— gracile
— strictum
Buxbaumia aphylla

Hypnum nitens	**Hypnum silvaticum**
— albicans	— heteropterum
— plumosum	— myosuroides
— silesiacum	— vernicosum

Ajoutons la liste suivante composée de Mousses spéciales aux montagnes, accidentelles dans les plaines :

Andreœa rupestris	Zygodon Mougeotii
— petrophila	Fontinalis squamosa
Dicranum curvatum	Pterygophyllum lucens
— scoparium, var. alpestre	Hypnum undulatum
Grimmia Hartmanni	— commutatum
Rhacomitrium aciculare	var. falcatum
— protensum	— flagellare
— microcarpum	

La plupart de ces plantes (1re et 2e liste) sont peu répandues, quelques-unes même sont d'une extrême rareté, d'autres sont stériles, rabougries, mal développées et montrent ainsi qu'elles ne sont pas dans leurs conditions normales d'existence.

Un certain nombre de Mousses caractéristiques de la zone moyenne par leur grande quantité de dispersion sont communes chez nous. Ce sont :

Dicranum heteromallum	Bartramia fontana
— scoparium	— pomiformis
Campylopus fragilis	Atrichum undulatum
Barbula subulata	Polytrichum juniperinum
Rhacomitrium canescens	Isothecium myurum
Bryum cœspititium	Hypnum tamariscinum
— capillare	— irriguum
— pseudotriquetrum	— stellatum
Mnium undulatum	— Stokesii
— affine	— loreum
— punctatum	

Parmi les Hépatiques à tendances boréales nous devons mentionner :

Sarcoscyphus emarginatus	Jungermannia exsecta
Alicularia scalaris	— Schraderi
Scapania undulata	— ventricosa
Jungermannia albicans	Lophocolea heterophylla

Calypogeia trichomanis	Trichocolea tomentella
Lepidozia reptans	Madotheca lævigata
Mastigobryum trilobatum	Lejeunia minutissima

et plus spécialement encore :

Plgiochila spinulosa	Jungermannia quinquedentata
Scapania compacta	Sphagnæcetis communis
Jungermannia minuta	Ptilidium ciliare.

D. Beaucoup d'espèces telles que *Barbula muralis, Funaria hygrometrica, Bryum argenteum, Hypnum cupressiforme, purum*, etc., se montrent indifférentes à la nature du sol, à la diversité des expositions du nord ou du midi; elles croissent également sur les côteaux secs et arides et sur le sol humide et ombragé des forêts. Ce sont les plus communes.

E. Quelques autres sont spéciales à l'ouest :

Dicranum Scottianum	Orthotrichum pulchellum
Archidium alternifolium	— rivulare
Splachnum ampullaceum	Hypnum cœspitosum
Orthotrichum phyllanthum	— resupinatum

III. *Comparaison de la flore bryologique de l'Orne avec la flore du Nord-Ouest.* J'ai dit précédement que notre flore bryologique ne présentait pas de modifications appréciables sur toute la surface du département, mais si l'on compare cette flore avec celle des diverses contrées du nord ouest, il n'en est plus ainsi. Le climat devient de plus en plus uniforme à mesure que l'on s'approche du littoral, la température hibernale s'élève, tandis que la température de l'été reste stationnaire, le nombre des jours de gelée diminue (1); aussi la végétation ne tarde-t elle pas à se modifier sensiblement.

A. Les *Dicranum Scottianum, Orthotrichum phyllanthum, Hypnum resupinatum*, très rares dans l'Orne et de plus en plus communs à mesure que l'on s'avance vers la mer, démontrent tout d'abord cette influence.

D'autre part les espèces de la région méditerranéenne, fuyant les froids intenses de l'hiver, sont beaucoup plus abondantes dans le Maine et l'Anjou, la Bretagne, la Manche, sur le littoral du Calva-

(1) Cfr. Ch. Martins : *Météorologie de la France.*

dos et même aux environs de Paris que dans notre dépt. (1). Ainsi sur les 80 espèces méridionales du Nord-Ouest, une quarantaine seulement et des moins caractéristiques ont été trouvées dans l'Orne, tandis que le Maine-et-Loire en possède plus de 60 et les environs de Brest près de 75. A Cherbourg, dans la Manche et sur le littoral du Calvados, outre les espèces énumérées plus haut, on a constaté une vingtaine de Mousses et d'Hépatiques du midi, parmi lesquelles : *Trichostomum flavovirens* (A. C. à Cherbourg), *Enthostodon Templetoni*, *Barbula inclinata*, *marginata*, *Zygodon Forsteri*, *Bryum torquescens*, *Hypnum chrysophyllum* (fructifié), *striatulum*, *circinnatum*, et aux environs de Paris : *Conomitrium Julianum*, *Trichostomum flavo-virens*, *Barbula cæspitosa*, *Bryum torquescens*, *Bartramia stricta*, *Hypnum striatulum*. Le *Leskea polyantha*, plante caractéristique de la zone silvatique inférieure, indiqué à Cherbourg, assez commun dans le Maine, l'Anjou et aux environs de Paris, n'a pas encore été signalé dans l'Orne.

Notons de plus qu'un certain nombre de Mousses de la région méditerranéenne, telles que *Pottia Starkeana*, *Trichostomum mutabile*, *Barbula membranifolia*, *Leptodon Smithii* excessivement rares chez nous, jouissent d'une quantité de dispersion beaucoup plus grande dans les diverses contrées du Nord-Ouest.

B. Mais si l'Orne est privé de beaucoup d'espèces du Midi plus ou moins communes dans le Nord-Ouest à mesure que l'on s'approche de la mer ou que l'on s'avance vers le Sud, il peut revendiquer à son tour un nombre plus grand de plantes boréales que le Maine, l'Anjou et même que le littoral breton et normand, et aussi une plus large dispersion pour ces mêmes espèces, sans toutefois que leur nombre établisse une parfaite compensation. Voici la

(1) La température moyenne hibernale est à Angers de 5°,98, à Nantes de 4°,9, à Brest de 6°,8, à Cherbourg de 5°,7; à Paris elle descend à 3°,3. (Ch. Martins, l. c.). Ce caractère méridional de la végétation, dû à la douceur du climat, est non moins accentué chez les Phanérogames. Comme il serait trop long de donner ici l'énumération des espèces, je me contenterai de renvoyer aux ouvrages suivants où le lecteur trouvera les indications nécessaires pour établir une comparaison : *Flore du Centre* par Boreau, *Flore de l'Ouest* par Lloyd, *Flore de la Normandie* par de Brébisson, *Herborisations aux environs de Cherbourg* et *Excursion de la Société Linnéenne de Normandie dans la Hague* par M. Corbière, *Géographie botanique de la France* par Ch. Martins. Ce dernier auteur indique aux environs de Paris plusieurs phanérogames du Midi inconnus en Normandie. A Paris la température moyenne annuelle est de 10°,74.

liste des Mousses et Hépatiques les plus remarquables sous ce rapport :

Andreœa petrophila
— falcata
Dicranum pellucidum
— curvatum
— cerviculatum
— scoparium. var. alpestre
— — var. recurvatum (D. pallidum)
Grimmia Hartmanni
Rhacomitrium microcarpum
— protensum
Rhacomitrium obtusum (Lindb. in Muscinées de France)
Zygodon Mougeotii
Polytrichum gracile
— strictum
Hypnum nitens
— silesiacum
— flagellare
— falcatum
Ptilidium ciliare

Les *Andreœa petrophila. falcata, Dicranum pellucidum, scoparium* var. *alpestre, pallidum, Grimmia Hartmanni, Ptilidium ciliare,* n'ont été trouvés nulle part ailleurs dans le Nord-Ouest. Plusieurs autres espèces des montagnes telles que : *Didymodon cylindricus, Bryum elongatum, inclinatum, Rhacomitrium fasciculare, Orthotrichum Hutchinsiæ,* etc., ont été signalées aux environs de Vire, de Falaise, dans la Sarthe, dans la Mayenne à quelques kilomètres de nos limites.

C. De l'ensemble des faits rassemblés ici sur la flore bryologique de l'Orne, je crois pouvoir tirer les conséquences suivantes :

1° Le climat de ce département est moins favorable à la végétation bryologique que le climat de la Bretagne et du littoral de la Normandie. L'absence de beaucoup d'espèces du Midi n'est pas compensée par la présence d'un aussi grand nombre d'espèces des montagnes;

2° La région méditerranéenne est moins bien représentée dans notre département que partout ailleurs dans le Nord-Ouest;

3° Le département de l'Orne appartient à la zone silvatique inférieure et à la base de la zone moyenne;

4° Les tendances boréales de la flore y sont plus manifestes que dans les diverses contrées du Nord-Ouest.

Influences du Sol.

I. *Influences physiques.* — On distingue quatre stations principales : les rochers, la terre, les eaux et les troncs d'arbres. Sans dresser ici, pour chaque station, la liste des espèces qui lui sont propres, ces indications étant d'ailleurs données dans le Catalogue, disons simplement que nos Muscinées, au point de vue du support sur lequel elles croissent, se répartissent ainsi :

Espèces exclusives ou spéciales à une seule Station.

MOUSSES

Rochers et murs			48
Terre	Endroits ombragés (bois et haies)		29
	Endroits exposés au soleil	Lieux cultivés	25
		Lieux secs et arides	21
Eaux	Pierres et vieux bois au bord des rivières		19
	Marais et tourbières	Tous les *Sphagnum*.	23
Troncs d'arbres	Vivants		22
	Pourrissants		2

HÉPATIQUES

Rochers	8
Terre	10
Eaux (pierres inondées, marais et tourbières)	16
Troncs d'arbres (vivants et pourrissants)	4

Espèces s'accommodant de plusieurs Stations.

MOUSSES

Rochers, terre	40
Rochers, troncs d'arbres	13
Rochers, terre, troncs d'arbres	17
Terre, troncs d'arbres	2

HÉPATIQUES

Rochers et terre	7
Rochers, troncs d'arbres	7

II. *Influences chimiques.* — **A.**) Au point de vue de l'influence chimique du sol ou du support sur les végétaux, les botanistes, à la suite de Unger, en ont distingué trois catégories : les espèces propres, préférentes et indifférentes.

Espèces propres aux Terrains siliceux :

Andreœa rupestris
— petrophila
Weisia fugax
— cirrhata
Dicranum Bruntoni
— pellucidum
— Schreberi
— varium
— rufescens
— curvatum
— heteromallum
— Scottianum
— majus
— spurium
Campylopus turfaceus
— flexuosus
— fragilis
— brevipilus
— polytrichoides
Leucobryum glaucum
Fissidens exilis
Dydimodon flexifolius?
Leptotrichum homomallum
— pallidum
Grimmia Schultzii
— trichophylla
— leucophœa
— commutata
Grimmia montana
Rhacomitrium aciculare
— protensum
— heterostichum
— microcarpum
— lanuginosum
Hedwigia ciliata
Ptychomitrium polyphyllum
Zygodon Mougeotii
Orthotrichum rivulare
— Sturmii
Tetraphis pellucida
Schistostega osmundacea
Bryum nutans
— alpinum
Mnium hornum
Aulacomnium androgynum
Bartramia pomiformis
Pogonatum urnigerum
Pterigophyllum lucens
Pterogonium ornithopodioides
Heterocladium heteropterum
Hypnum albicans
— illecebrum
— plumosum
— elegans
— undulatum
— flagellare

Sarcoscyphus emarginatus
— Funckii
Alicularia scalaris
Plagiochila spinulosa
Scapania compacta
— undulata
— nemorosa
Jungermannia albicans
Jungermannia exsecta
— Schraderi
— bicuspidata
Sphagnœcetis communis
Mastigobryum trilobatum
Aneura pinnatifida
— multifida

Espèces propres aux Terrains calcaires:

Weisia verticillata
Fissidens decipiens
Phascum bryoides
— curvicollum
— rectum
Pottia cavifolia
— minutula
— Starkeana
Leptotrichum flexicaule
Trichostomum tophaceum
— mutabile
Barbula ambigua
— aloides
Barbula membranifolia
— vinealis
Barbula Hornschuchiana
— revoluta
Grimmia crinita
— orbicularis
Encalypta steptocarpa
Cylindrothecium concinnum
Hypnum glareosum
— tenellum
— chrysophyllum
— falcatum
— commutatum

Lunularia vulgaris
Reboullia hemispherica
Riccia natans
— crystallina

Espèces préférant les Terrains siliceux:

Fissidens bryoides
Archidium phascoides
Pleuridium nitidum
— alternifolium
Barbula cuneifolia
Rhacomitrium canescens
Mnium affine
— punctatum
Pogonatum nanum
— aloides
— Dicksoni
Polytrichum commune
— formosum
Polytrichum piliferum
— juniperinum
Diphyscium foliosum
Hypnum populeum
— Stokesii
— confertum
— denticulatum
— silvaticum
— irriguum
— arcuatum
— Schreberi
— squarrosum
— loreum

Plagiochila asplenioides
Jungermannia crenulata
Lophocolea bidentata
Calypogeia trichomanis
Lepidozia reptans
Ptilidium ciliare
Lejeunia serpyllifolia
Fossombria pusllla

Espèces préférant les Terrains calcaires :

Gymnostomum microstomum
Fissidens incurvus
— pusillus
— taxifolius
Pottia lanceolata
Didymodon rubellus
— luridus
Barbula Brebissonii
— fallax
— convoluta
— latifolia

Cinclidotus fontinaloides
Orthotrichum cupulatum
var. riparium
Encalypta vulgaris
Physcomitrium piriforme
Bryum atropurpureum
— murale
Leskea polycarpa
Anomodon viticulosus
Thyidium abietinum
Hypnum riparium

Anthoceros lœvis

Anthoceros punctatus

Espèces indifférentes à la Nature du Sol :

Gymnostomum tenue
Weisia viridula
Dicranum cerviculatum
— scoparium
— palustre
Fissidens adianthoides
Acaulon muticum
Phascum cuspidatum
Ceratodon purpureus
Pleuridium subulatum
Barbula unguiculata
— cylindrica
— subulata
— muralis
— ruralis
— ruraliformis
Grimmia apocarpa
— pulvinata
Orthotrichum affine
— diaphanum
— anomalum
Ephemerum serratum
Physcomitrella patens

Physcomitrium fasciculare
Funaria hygrometrica
Leptobryum piriforme
Bryum argenteum
— erythrocarpum
— cœspititium
— capillare
— bimum
— pseudotriquetrum
— roseum
Mnium undulatum
— cuspidatum
— punctatum
Aulacomnium palustre
Bartramia fontana
Atrichum undulatum
Fontinalis antipyretica
Neckera crispa
Homalia trichomanoides
Antitrichia curtipendula
Leskea sericea
Climacium dendroides
Isothecium myurum

Thyidium tamariscinum
— recognitum
Hypnum nitens
— lutescens
— salebrosum
— Mildeanum
— rutabulum
— rivulare
— velutinum
— illecebrum
— cœspitosum
— striatum
— crassinervium
— piliferum
— prœlongum
— murale
— rusciforme
Hypnum alopecurum
— serpens
— fluviatile
— stellatum
— fluitans
— aduncum
— vernicosum
— cupressiforme
— filicinum
— molluscum
— cordifolium
— giganteum
— cuspidatum
— purum
— splendens
— triquetrum

Jungermannia minuta
— ventricosa
— quinquedentata
Chiloscyphus polyanthus
Frullania tamarisci
Pellia epiphylla
Aneura pinguis
Marchantia polymorpha
Fegatella conica
Targionia hypophylla
Riccia glauca

Espèces propres aux Terrains argileux ou plus abondantes sur ces Terrains:

Dicranum Schreberi
— varium
— rufescens
Archidium phascoides
Phascum nitidum
Fissidens taxifolius
Physcomitrium piriforme
— fasciculare
Hypnum arcuatum
— squarrosum

B.) Remarquons ici le petit nombre des espèces calcicoles ou préférant les terrains calcaires, comparé à celui des espèces silicoles ou préférant les terrains siliceux, bien que le contraire ait lieu dans la nature en général et que dans notre région les formations jurassiques et cétacées occupent une aussi vaste étendue que les terrains primitifs et le diluvium. Les notions de géographie physique données plus haut suffisent pour expliquer ce fait, sans qu'il soit nécessaire d'insister davantage. Il faut dire cependant que les sols calcaires des environs de Moulins-la-Marche, d'Echauffour, du Merlerault, de Gacé, d'Exmes, n'ont pas été jusqu'ici suffisamment explorés, et appellent au point de vue bryologique de nouvelles recherches, qui pouront faire diminuer les divergences dont nous parlons.

C.) On voudra bien me permettre encore une simple remarque. La question de l'influence chimique du sol sur les végétaux, longtemps discutée par les botanistes, semble avoir reçu une solution définitive depuis les travaux de MM. Contejean, Boulay, Dr Saint-Lager, etc. Quelques auteurs néanmoins, entre autres M. Contejean, ont cru devoir remplacer le terme de *silicoles* par celui de *calcifuges*, prétendant que la silice n'exerce pas d'influence chimique, et que l'on devait la considérer comme un milieu neutre et inerte servant de refuge aux plantes expulsées par la chaux (1). Plusieurs faits observés dans l'Orne me paraissent en opposition avec cette manière de voir. Ainsi j'ai trouvé à Ecouché, sur les calcaires oolithiques renfermant de nombreux grains de quartz, une espèce silicole (calcifuge, d'après M. Contejean), le *Hypnum illecebrum* vivant à côté des *Trichostomum flexicaule*, *Cylindrothecium concinum*, *Hypnum chrysophyllum*, trois plantes calcicoles des plus décidées. Ces mousses, sans s'exclure mutuellement, savaient chacune trouver dans le sol l'élément qui leur convenait. La présence des *Trichostomum mutabile*, *Barbula sinuosa*, *Didymodon rubellus*, avec *Orthotrichum rivulare* et *Hypnum plumosum*, sur des pierres siliceuses, au bord de l'Orne, à Mesniglaise, est encore un argument dans le même sens. Au mois de septembre 1882, près la gare de Bocquencé-la-Gonfrière, j'ai récolté le *Dicranum rufescens* à côté du *Bryum atropurpureum* sur des pentes marneuses couvertes de grains de sable et de silex apportés par les eaux pluviales. Ces observations semblent contredire l'opinion de M. Contejean.

III. *Localités de l'Orne intéressantes à visiter pour le bryologiste.* — « En général, dit M. l'abbé Boulay, les localités les plus riches et les plus favorables au développement des Muscinées sont celles qui réunissent les conditions ou les stations les plus variées, où, par exemple, à côté de rochers siliceux on trouve aussi des calcaires ou des terrains mélangés de calcaire, des accidents rocheux partiellement exposés au nord et au midi, des cours d'eau ou des sources permanentes ». Il est facile, d'après ces principes et en se

(1) Cfr. : Duchartre, *Eléments de Botanique* (1877), p. 1194.

rappelant ce qui a été dit précédemment, de voir que dans l'Orne les localités les plus intéressantes pour le botaniste devront se trouver sur la ligne qui sépare les terrains primitifs des calcaires jurassiques. C'est en effet à Alençon, Sées et Ecouché que le nombre des espèces signalées a été le plus élevé. Aux environs de Sées les quartzites de la forêt d'Ecouves, de Chailloué, de Boitron, de Neauphe, de Macé, les schistes siluriens de La Ferrière-Béchet, Tanville, Vingt-Hanaps, les calcaires oolithiques de la plaine, les argiles et terrains argilo-calcaires de l'Oxfordien entre Aunou, Sainte-Scolasse et Courtomer, les dépôts tourbeux de La Chapelle-près-Séez et de La Ferrière-Béchet, ont offert aux recherches de M. Hommey et de plusieurs autres botanistes le nombre considérable de 210 espèces de mousses.

A Ecouché, la variété des terrains n'est pas moins grande : ce sont les granites de Vieux-Pont, Joué-du-Plain et Avoines, les schistes cambriens métamorphiques de Mesniglaise et La Courbe, les grès quartzeux de Boucé et Fleuré, les schistes siluriens de Boucé, Vieux-Pont et Rânes, les argiles liasiques ferrugineuses de Saint-Brice, Saint-Ouen, Batilli et Sevrai, les calcaires à Bélemnites du lias à Sérans, les calcaires jurassiques d'Ecouché, Joué-du-Plain, Loucé, Fleuré, Fontenay, Goulet et Montgaroult. Mais ici les dépôts tourbeux manquent et le nombre des espèces diminue d'une façon notable : dans un rayon de 7 à 8 kilomètres autour d'Ecouché, j'ai recueilli 173 Mousses et 26 Hépatiques.

De Mesniglaise à la limite dn département, l'Orne coule, pour ainsi dire, entre deux murailles de rochers schisteux et granitiques couverts de Muscinées. L'air ambiant, par suite de l'évaporation, se trouve constamment très chargé de vapeur d'eau, qui sans cesse va baigner nos petites plantes et leur permettre de vivre, même après des sécheresses prolongées, dans les conditions les plus avantageuses. De là cette végétation bryologique luxuriante que l'on remarque dans les riches localités de Sainte-Croix, Saint-Aubert, Saint-Philibert, si bien explorées par de Brébisson et M. Husnot. Il est encore utile de remarquer que l'Orne, de Sées à Ecouché, traverse l'oolithe, où il se charge de carbonate de chaux, et vient ensuite apporter à un certain nombre de plantes qui croissent sur ces rives, telles que *Barbula latifolia*, *Brebissonii*, *Didymodon rubellus*, *Cinclidotus fontinaloides*, etc., l'élément calcaire dont elles ont besoin.

Les blocs de granite, si fréquents aux environs d'Athis et plus spécialement dans le bassin et aux bords de la Rouvre, ont aussi présenté à M. Husnot un grand nombre d'excellentes espèces.

La flore calcicole de Mortagne offre une analogie remarquable avec celles d'Alençon, de Sées et d'Argentan; elle paraît cependant plus riche. En général, les terrains calcaires constituent dans l'Orne un excellent terrain agricole, presque entièrement occupé par des cultures et ne pouvant ainsi offrir beaucoup d'intérêt au bryologue; toutefois c'est la station ordinaire des Pottiacées, des Phascacées et autres plantes annuelles dont l'évolution s'accomplit rapidement. Mais ce que l'observateur devra visiter avec le plus d'attention dans tous ces terrains, ce sont les anciennes carrières, les endroits gramineux et arides, où la roche calcaire affleure à la surface du sol, c'est là qu'il pourra faire d'intéressantes récoltes et aura le plus de chance de trouver des espèces méridionales.

Au sud de Mortagne, près de Bellême et de Mamers, l'alternance des argiles, des sables, des marnes du terrain crétacé amène une grande variété dans la végétation, comme l'ont prouvé les recherches de MM. Chevallier et Réchin.

La partie du département qui correspond aux terrains tertiaires et au diluvium est sans contredit la plus pauvre au point de vue bryologique; elle ne renferme aucune espèce qui lui soit propre. Le sol ombragé des bois de sapins et les petites tourbières des forêts de Chaumont, de Saint-Evroult, du Perche, etc., sont à peu près les seules stations intéressantes à explorer. C'est dans de pareilles conditions que se présente la riche localité de la Trappe.

CATALOGUE DES MUSCINÉES DE L'ORNE (1)

MOUSSES

MOUSSES ACROCARPES

Systegium.

1. *S. crispum* Sch. — Sur la terre, dans les champs et au bord des chemins; plus répandu dans les terrains calcaires. Pr. — AR. — Sées (Hom.); Alençon (D.); çà et là sur le corallien aux environs de Mortagne (L.). Non indiqué dans la plaine d'Argentan.

Gymnostomum Hedw.

1. *G. microstomum* Hedw. — Sur la terre, dans les champs, les bruyères, les terrains arides, en particulier dans les terrains calcaires. Pr. — AC.

Var. *brachycarpum*. — Sur les calcaires liasiques de Sérans (L.). Juratzka (*Die Laubmoosflora von Oesterreich-Ungarn*, p. 9) regarde cette plante comme une espèce distincte.

2. *G. tenue* Schr. — Sur les murs et les rochers. Eté. — TR. — Sées (Hom.); Suret (Réchin).

(1) Abréviations. — Pr., Aut., Hiv. : *Printemps, automne, hiver;* AC., C., TC. : *Assez commun, commun, très commun;* AR., R., TR. : *Assez rare, rare, très rare;* D. : *Duterte;* Hom. : *Hommey;* Husn. : *Husnot;* L. : *Letacq.*

Les localités sont rangées par arrondissement, presque toujours dans l'ordre suivant : Domfront, Alençon, Argentan, Mortagne.

J'ai suivi la classification et la nomenclature adoptées par M. Husnot dans sa *Flore des Mousses du Nord-Ouest* et son *Catalogue analytique des Hépatiques* de la même région. Plusieurs espèces admises dans ces ouvrages sont contestées par des auteurs, qui ont voulu n'y voir que des variétés ou même de simples formes; il ne m'appartient pas de juger ici des questions qui, peut-être, ne seront jamais résolues. Ne serait-ce pas plutôt le moment de répéter ces paroles de l'illustre naturaliste anglais Ch. Darwin, que M. Venturi, bryologue italien, prenait naguère pour épigraphe de son remarquable travail sur le genre *Orthotrichum* : « *Now all naturalists have learnt by dearly bought experience how rash it is to attempt to define species by the aid of inconstant characters. (The descent of Man.*, part. 1, chap. VII.)

Weissia Hedw.

1. *W. Viridula* Brid. — Au bord des chemins, dans les champs, les bruyères, etc., sur tous les terrains. Pr. — TC.

Var. *stenocarpa*. — Bois de Sérans.

2. *W. fugax* Hedw. — Dans les fissures des rochers siliceux ombragés. Eté. — TR. — Sègrie-Fontaine, Roche d'Oitre (Husn.).

3. *W. cirrhata* Hedw. — Sur les rochers siliceux, les vieux bois et les toits de chaume. Pr. — AC. — J'ai récolté à la Chapelle-près-Sées une forme de cette espèce, remarquable par ses tiges robustes, élevées, formant des touffes noirâtres.

4. *W. verticillata* Brid. — Sur les rochers et les murs, où se produit un suintement d'eau chargée de carbonate de chaux. Eté. — TR. — Sèes (Hom). Dans une petite grotte à St-Langis-près-Mortagne, non loin de l'étang de la Folle Entreprise (L.).

Dicranum Hedw.

1. *D. Bruntoni* Sm. — Dans les fissures des rochers siliceux. Pr. Eté. — AC.

2. *D. pellucidum* Hedw. — Sur les pierres siliceuses, au bord des rivières et des ruisseaux. Pr. — TR. — Çà et là dans le canton d'Athis sur le granite, notamment à Sègrie-fontaine, dans le ruisseau de Ronfit à la Lande-St-Siméon (Husn.).

3. *D. Schreberi* Hedw. — Sur la terre argileuse au bord des chemins. Aut. Hiv. — TR. — Cambercourt près la gare de Berjou-Cahan (Husn.). Sevray près le hameau du Poirier (L.).

4. *D. cerviculatum* Hedw. — Sur les parois des fossés, des tourbières ou des mottes de tourbe. Pr. — R. — Assez abondant à Briouze (Husn.). Forêt d'Ecouves (Hom.). Près l'étang du Val-Gaillard dans la forêt de Chaumont (L.).

5. *D. varium* Hedw. — Sur la terre argileuse, marneuse, au bord des chemins, dans les champs, les vieilles carrières. Aut. Hiv. — AC. — J'ai trouvé cette plante à Ecouché sur des bois pourrissants.

6. *D. rufescens* Turn. — Sur la terre argileuse dans les champs, au bord des chemins ; très-rarement sur la terre marneuse. — Aut. — R. — Athis (Husn.). Sèes (Hom.). Batilli, près la gare de Bocquencè La-Gonfrière (L.).

7. *D. curvatum* Hedw. — Sur la terre argileuse ou sablonneuse au bord des chemins. Hiv. — TR. — Domfront (Husn.).

8. *D. heteromallum* Hedw. — Sur la terre denudée, au bord des chemins et des sentiers, dans les bois des terrains siliceux. Hiv. — TC.

var. *sericeum*. — Sur un bloc erratique de grès siliceux tertiaire à St-Germain d'Aunai (L.).

9 *D. montanum* Hedw. — Sur les vieux troncs d'arbres. St. — TR. — La Lande St-Siméon (Husn.).

10. *D. scottianum* Turn. — Sur les rochers siliceux. Eté. — TR. Sur les grès quartzeux au Châtellier (Husn.) et à la Roche-au-Diable dans la forêt d'Ecouves (Hom.).

11. *D scoparium* Hedw. — Sur la terre, les troncs d'arbres, les rochers, dans les bois et les lieux découverts, sur tous les terrains. Aut. Hiv. — TC.

var. *orthophyllum*. — Mêmes stations que le type. — C.

var. *paludosum*. — Dans les marais et les lieux humides. — AC.

var. *alpestre*. — Rochers siliceux. — Roche d'Oitre (Husn.).

var. *recurvatum* (*D. pallidum* ex Mitten spec. auct. sec. Husnot). Sur les rochers, dans les bois de la Lande à Sérans (L.).

12. *D. majus* Turn. — Sur la terre, dans les bois des terrains siliceux. Eté, Aut. — AR. — Forêt d'Ecouves (Hom.); St-Aubert-s-Orne (Olivier); Mesniglaise (L.). Çà et là, dans les bois de sapins, sur le diluvium des plateaux : Abondant dans le bois du Chesnai à Heugon, au Vert-Bois, à St-Nicolas-des-Laitiers, Cisai-St-Aubin, etc. (L.).

13. *D. palustre* Lap.— Dans les marais et les tourbières, souvent mêlé aux Sphaignes. Eté. Presque toujours stérile. — AC.

14. *D. spurium* Hedw. — Dans les bruyères et sur les rochers : terrains siliceux. — Roche d'Oitre (Husn.). Les échantillons que M. Husnot m'a communiqués sont stériles.

15. *D. undutatum* Voit. — Dans les bruyères. Eté. — Essay, près Sèes (Hom.).

Campylopus Brid.

1. *C. turfaceus* B. E.— Sur la terre, dans les bois et les bruyères des terrains siliceux. Pr. — AC.

var *fragilis*. — St-Germain d'Aunai, St-Aubin-de-Bonneval, Sérans (L.).

2. *C. flexuosus* Brid. — Sur les rochers siliceux et la terre dans les bois et les bruyères des terrains siliceux. Aut. — AC.

3. *C. fragilis* B.E. — Sur la terre siliceuse, dans les bois et les

bruyères, aux lieux découverts et sur les rochers siliceux. — Les échantillons qui m'ont été communiqués et ceux que j'ai recueillis étaient stériles. — AR. — Le Chastelier, Mesnil-Hubert-s.-Orne (Husn.). La Courbe, Sérans, St-Germain d'Aunai (L.). Forêt de Bellême (Chevallier).

var. *densus*. — Le Chatellier (Husn. *Musci Galliæ*, nº 411).

4. *C. brevipilus* B.E.—Sur les rochers siliceux et dans les bruyères des terrains siliceux. St. — TR. — St-Philibert-s-Orne (Husn.).

5. *C. polytrichoides* De Not. — Mêmes stations que l'espèce précédente. St.—R. — St-Philibert-s-Orne (Husn.); St-Aubert (Olivier), Mesniglaise (L.); St-Léonard-des-Bois (Sarthe) (D.).

Leucobryum Hampe.

1. *L. glaucum* Hampe.— Sur la terre, dans les bois, les bruyères, les marais et les rochers silicieux. — AC.

Fissidens Hedw.

1. *F. exilis*. — Sur la terre, dans les bois des terrains siliceux. Hiv. Pr. — Cahan à deux localités (Husn.); les Aulnaies près Alençon (D.); Saint-Germain d'Aunai (L.); Fôrêt de Clinchamps (Réchin).

2. *F. incurvus* Schw. — Sur les pierres calcaires ombragées et humides. Hiv. — TR. — Jardin du presbytère à Ecouché, au bord de la fontaine (L.).

3. *F. Pusillus* Wils. — Sur les pierres calcaires Hiv.— Sur des silex recouverts de marne à Saint-Germain d'Aunai (L.); Coulimer et Courgeoult près Mortagne (L.).

5. *F. crassipes* Wils. — Sur des pierres humides. Aut. — TR. — Sées (Hom.) (*Musci Galliæ*, nº 627).

6. *F. bryoides* Hedw. — Sur la terre, dans les lieux ombragés; plus commun sur les terrains siliceux. Pr. — C.

6. *F. taxifolius* Hedw. — Sur la terre argileuse dans les endroits ombragés. Pr. — C.

7. *F. decipiens* De Not. — Sur les terrains arides calcaires. Hiv. — TR. — Les Gaillons près Mortagne (L.). Spécimens très bien caractérisés.

8. *F. adianthoides* Hedw. — Dans les bois humides, les marais, sur les pierres au bord des ruisseaux. Hiv. — AC.

Acaulon Müll.

1. *A. muticum* Müll. — Sur la terre nue, dans les champs, les bruyères, les endroits arides. Pr. — AC.

Phascum L.

1. *P. cuspidatum* Hedw. — Sur la terre récemment remuée dans les champs, les jardins, etc. — Aut. Hiv. Pr. — TC.

Var. *piliferum*. — Ecouché (L.), et sans doute ailleurs.

Var. *curvisetum*. — Mortagne (L.).

2. *P. bryoides* Dicks. — Dans les champs des terrains argilo-calcaires. Hiv. — TR. — Boitron près Sèes (Hom.). Sur l'oxfordien à Aunou-sur-Orne, sur le corallien entre Bazoches-sur-Hoesne et Mortagne (L.).

3. *P. curvicollum* Hedw. — Dans les champs, les terrains arides, sur le calcaire. Hiv. Pr. — TR. — Sèes (Hom.). Sur l'oxfordien à Trémont (canton de Courtomer) (L.).

4. *P. rectum* Sm. — Mêmes stations que l'espèce précédente. — R. — Sèes (Hom.); Aunou-sur-Orne (L.); Bazoches-en-Houlme (Olivier); sur le lias à Sérans (L.).

Pottia Ehr.

1. *P. cavifolia* Ehr. — Sur les murs et les coteaux calcaires. — AR. — Sèes (Hom., L.); Goulet, Argentan (L.); ça et là aux environs de Mortagne (L.).

2. *P. truncata* B. E. — Dans les champs, les jardins, les prairies, sur la terre nue. Aut. Hiv. Pr. — TC.

Var. *major*. — AC.

3. *P. minutula* B. E. — Mêmes stations que l'espèce précédente; paraît plus commun sur le calcaire. Hiv. Pr. — AC.

Var. *rufescens*. — Ça et là avec le type, mais plus rare.

4. *P. Starkeana* C. Müll. — Sur la terre calcaire ou argilo-calcaire au bord des chemins, dans les champs. Pr. — TR. — Macé près Sèes (L.); Plaine d'Argentan (L.).

5. *P. lanceolata* C. Müll. — Sur la terre nue dans les champs, au bord des chemins, etc., surtout dans le calcaire. Pr. — AC. — Cette plante est très répandue aux environs d'Écouché.

Didymodon Hedw.

1. *D. rubellus* B. E. — Sur les vieux murs, les pierres calcaires, sur les racines d'arbres au bord des ruisseaux dont les eaux contiennent du calcaire. Aut. — AC.

2. *D. luridus* Horn. — Sur les murs. St. — Sur des murs de soutènement près du château de Sérans (L.).

3. *D. flexifolius* H. et T. — Sur la terre, dans les bois, aux endroits où il y a beaucoup d'humus. Pr. — Bagnoles-les-Bains, Mesnil-Hubert (Husn.), St-Philbert (De Brébisson), Sées (Hom.).

Ceratodon Brid.

1. *C. purpureus* Brid. — Sur la terre, les murs et les rochers. R. — TC.

Archidium Brid.

1. *A. phascoides* Brid. — Sur la terre argileuse, dans les bois, les bruyères, au bord des chemins. Pr.— Rarement fertile.— Assez répandu dans ces conditions ; plus commun sur le diluvium des plateaux dans le nord-est du département que partout ailleurs.

Pleuridium Brid.

1. *P. nitidum* Hedw. — Sur la terre argileuse, humide, au bord des chemins, des sentiers et des mares desséchées. Aut. — AC.

P. alternifolium B. E. — Sur la terre argileuse ou sablonneuse des pentes et des talus, au bord des chemins et des bois. Pr. — St-Germain d'Aunai, St-Aubin de Bonneval, Heugon, etc. (L.); Suret (Rèchin) et sans doute ailleurs, confondu avec l'espèce précédente. M. Boulay (*Muscinées de France,* p. 564) l'indique comme plus répandu.

3. *P. subulatum* B. E.— Mêmes stations que l'espèce précédente. — Pr. — C.

Leptotrichum Hampe

1. *L. homomallum* Hampe. — Au bord des chemins, sur la terre sablonneuse des talus et dans les bois : terrains siliceux. Hiv. — TR. — Mesnil-Hubert-sur-Orne (Husn.). Forêt d'Ecouves (Hom.). — Bonneval (L.); Juratzka *(Die Laubmoosflora von Oesterreich-Ungarn,* p. 80) fait observer, et avec raison, que cette espèce est ordinairement associée aux *Pogonatum aloides, Dicranella heteromalla, Alicularia scalaris.*

2. *L. pallidum* Hampe.—Sur la terre sablonneuse, dans les bois,

aux lieux découverts, le long des sentiers, sur les talus : exclusivement sur les terrains siliceux. Pr. — AR. — Sées (Hom.). Neauphe-s.-Essai (L.); Forêt de Rèno (L.), etc.

3. *L. flexicaule* Hampe. — Dans les terrains arides, gramineux, incultes, sur le calcaire. St. — AC.

Trichostomum Hedw.

1. *T. tophaceum* Brid. — Sur les rochers et les murs calcaires. humides. Hiv. — TR. — Sèes, Vingt-Hanaps (Hom.), Mortagne (Roncy, L.).

2. *T. crispulum* Bruch. St. — Sur les rochers siliceux à Berjou (Husn.).

3. *T. mutabile* Bruch. — Sur les rochers et les pierres humides. St. — Neauphe-s-Essay (Hom.). Sur des pierres siliceuses, humides au bord de l'Orne, à Mesniglaise (L.). Cette dernière plante a été déterminée par M. Husnot.

4. *T. convolutum* Brid. — Murs et rochers. Pr. — TR. — Pont-Erembourg (Husn.).

Barbula Hedw.

1. *B. ambigua* B. E. — Sur les talus des chemins, les murs, et quelquefois les rochers. Hiv. Pr. — C.

2. *B. aloides* B. E. — Mêmes stations que l'espèce précédente. Hiv. Pr. — Assez répandu, souvent associé au *B. ambigua*, mais plus rare.

3. *B. membranifolia* Hook. — Sur les murs et les rochers calcaires. TR. — Sèes (Hom).

4. *B. Brebissonii* Brid. — Sur les troncs et les rochers, au bord des rivières, Pr.— R. — St-Aubert-sur-Orne (De Brébisson) ; abondant à Mesniglaise, sur le pont de bois et aux pieds des rochers; çà et là, sur les rochers, à droite et à gauche, en montant à la Chapelle-St-Roch ; La Courbe (L.). — Cette plante, trouvée d'abord par De Brébisson dans le Calvados et à St-Aubert et publiée par lui dans les *Mousses de la Normandie*, sous le nom de *Barbula unguiculata*, var. *latifolia*, est commune dans le Midi de la France, en Corse, en Sardaigne, et en Italie (Boulay : *Muscinées de France*; De Notaris : *Epilogo della Briologia italiana;* Venturi ed Bottini :

Enumerazione critica dei Muschi italiani). — Les échantillons recueillis à St-Aubert par de Brébisson et communiqués par M. Husnot sont fructifiés; à Mesniglaise, la plante est stérile.

5. *B. unguiculata* Hedw. — Sur les murs, la terre, les rochers. Pr. — TC.

6. *B. fallax* Hedw. — Sur les murs, la terre calcaire, aux bords des chemins, sur les couvertures en tuile. R. — AC.

7. *B. vinealis* Brid. — Sur les murs et la terre calcaire, dans les endroits gramineux et arides. Pr. — AC.

8. *B. cylindrica* Tayl. — Sur les murs, la terre, les vieilles souches, au pied des arbres, sur les rochers. St. — C.

9. *B. sinuosa* Wils. — St. — Sur des pierres, à Mesniglaise, au bord de l'Orne (L.). — Wilson avait d'abord créé cette espèce sur des échantillons récoltés à Bangor en Angleterre. Juratzka (*Die Laubmoosflora von Oesterreich-Ungarn, p. 114*) regarde le *B. sinuosa* comme une forme luxuriante, dégénérée, un état pathologique du *B. vinealis* déterminé par une atmosphère humide. On peut se ranger à l'opinion du célèbre bryologue d'Olmutz, mais la raison qu'il en donne est inadmissible, car à Mesniglaise le *B. sinuosa* croît à côté du *B. vinealis* et celui-ci, quoique stérile, est fort bien développé et présente exactement tous les caractères de l'espèce. M. Boulay partage le sentiment de Juratzka (*Muscinées de France*, p. 431.)

10. *B. gracilis* Schw. — M. l'abbé Boulay a rapporté à cette espèce, avec un point de doute, une plante stérile que j'ai trouvée sur les calcaires liasiques de Sérans.

11. *B. Hornschuchiana* Schl. — Dans les terrains incultes calcaires. Pr. — Sur le lias à Sérans (L.).

12. *B. revoluta* Schw. — Sur les murs calcaires. Pr. — AC.

13. *B. convoluta* Hedw. — Sur les murs, les terrains arides calcaires, dans les bois, aux endroits où l'on a fait du charbon. Pr. — AC.

14. *B. squarrosa* De Not. — Sur la terre aride et les rochers calcaires et siliceux. St. — R. — Alençon (D.); Mesniglaise (L.).

15. *B. cuneifolia* Brid. — Sur la terre argileuse au bord des chemins. Pr. — TR. — Cahan (Husn.).

16. *B. canescens* Bruch. — Sur la terre graveleuse et dans les endroits arides, et sur les rochers siliceux. Pr. — R. — Pont-Erembourg (Husn.); Saint-Hilaire-la-Gérard (Hom.); Mesniglaise près la chapelle Saint-Roch (L.).

17. *B. muralis* Hedw. — Sur les rochers, les couvertures en tuile et les murs. Pr. — TC.

Var. *incana*. — Sur des terrains calcaires arides à Joué-du-Plain (L.).

Var. *rupestris*. — Sur les rochers à Mesniglaise (L.).

18. *B. subulata* Hedw. — Sur la terre, au pied des arbres et des haies. Eté. — AC.

19. *B. latifolia* B. E. — Sur les racines d'arbres, plus rarement sur les pierres, au bord des rivières, spécialement dans les terrains calcaires. Eté. — AR. — La Chapelle près Sèes, au bord de la Vaudre (L.); AC. autour d'Écouché, au bord de l'Orne, de la Maire, et de l'Udon; Heugon sur les arbres, à l'endroit où le Guiel disparaît (L.). — Plante très rarement fertile dans notre région.

20. *B. papillosa* Wils. — Sur les troncs d'arbres au bord des promenades publiques, semble plus rare sur les arbres isolés. St. — AC.

21. *B. lævipila* Brid. — Sur les troncs d'arbres isolés, dans les haies, sur les pommiers dans les champs et les vergers. Pr. Eté. — C.

22. *B. ruralis* Hedw. — Sur la terre au pied des arbres, des haies, sur les murs, les couvertures en tuiles et en chaume. Pr. Eté. — TC.

Var. *intermedia*. — Sur de vieilles couvertures en tuile à Cahan (Husn.); sur des murs à Sevray (L.).

Var. *pulvinata*. — Sur des arbres à Gacé et à Saint-Aubin-de-Bonneval (L.).

Var. *ruraliformis*. — Dans les endroits arides calcaires. — AC.

Cinclidotus Pal. Beauv.

1. *C. fontinaloides* Pal. Beauv. — Sur les pierres et les racines d'arbres dans les ruisseaux et les rivières. Eté. — C.

Grimmia Ehr.

1. *G. apocarpa* Hedw. — Sur les murs, les rochers, les pierres. Pr. — C.

Var. *rivularis*. — Athis (Husn.); Alençon (D.); Sèes (Hom.); La Chapelle près Sèes, Sérans, La Courbe (L.).

Var. *gracilis*. — AC.

2. *G. crinita* Brid. — Sur les endroits calcaires des murs et les

rochers calcaires. Pr. — AR. — Alençon, Damigny (D.); Sées, Mortrée (Hom.). Sur des grès siliceux compénétrés de calcaire, recouvrant les murs du cimetière de Sérans, Sevray, Joué-du-Plain, Vimoutiers (L.). Abondant sur les murs du collège de Mortagne (L.).

3. *G. orbicularis* B. E.— Sur les murs et les rochers calcaires. Pr. — R. — Alençon (D); Sées (Hom., L.); Mortrée (Hom.); Vimoutiers, Mortagne (L.).

4. *G. pulvinata* Sm. — Sur les murs, les rochers et les toits. Pr. — TC.

Var. *longipila*. — Ça et là dans les mêmes stations que le type.

5. *G. Schultzii* Wils. — Sur les rochers siliceux. Pr. — AC.

6. *G. trichophylla* Grèv. — Sur les rochers siliceux, granitiques dans notre région. Eté. — R. — AC. aux environs d'Athis (Husn.). Sur des pierres granitiques recouvrant un mur dans le bourg de Vieux-Pont, Avoines (L.).

Var. *gemmipara*. — Ségrie-Fontaine (Husn.).

7. *G. leucophæa* Grèv. — Sur les rochers siliceux exposés au soleil. Pr.— AC. Semble très rare sur les grès quartzeux.

8. *G. commutata* Hueb. — Sur les vieilles couvertures en tuile et les rochers siliceux.— AC. Aux environs d'Athis (Husn.). — Cette espèce, répandue dans le Midi et les montagnes peu élevées, se retrouvera sans doute ailleurs dans notre département.

9. *G. montana* B. E. — Sur les rochers siliceux. Pr. — Saint-Philbert-sur-Orne (Husn.); Saint-Pierre d'Entremont (Roncy); Mesniglaise, La Courbe (L.); Chailloué (Hom.).

10. *G. Hartmanni* Schp. — Rochers siliceux à Saint-Philbert-sur-Orne (Husn.). Espèce nouvelle pour le Nord-Ouest.

Rhacomitrium Brid.

1. *R. aciculare* Brid. — Sur des pierres siliceuses humides ou parfois inondées au bord des ruisseaux. Pr. — R. — Domfront, Ségrie-Fontaine (Husn.), Sées (Hom.). Sur des schistes ampéliteux micacés au bord d'un étang à la Ferrière-Béchet (L.); Les Gatées et St-Cenery, près Alençon (D.).

2. *R. protensum* Braun. — Sur les parois inclinées des rochers siliceux, humides. St. — TR. — Bois du Mesnil à Ségrie-Fontaine (Husn.).

3. *R. heterostichum* Brid. — Sur les rochers siliceux. Pr. — AC.

Var. *alopecurum*. — Çà et là avec le type, mais un peu plus rare.

4. *R. microcarpum* Brid. — Sur les rochers siliceux. Pr. — Sur des blocs de grès quartzeux, à la Roche-au-Diable, dans la forêt d'Ecouves (L.); St-Aubert et St-Philbert-sur-Orne (Husn.). — La plante de la forêt d'Ecouves est le *R. obtusum* de M. Lindberg.

5. *R. lanuginosum* Brid. — Sur les rochers siliceux et dans les bruyères. Pr. — AC.

6. *R. canescens* Brid. — Dans les bruyères et les terrains siliceux arides Pr. — C.

Hedwigia Ehr.

1. *H. ciliata* Hedw. — Sur les rochers siliceux. Pr. — C.

Var. *leucophæa*. — AC.

Ptychomitrium B. E.

1. *P. polyphyllum* B. E. — Sur les rochers siliceux. Eté. — AR. — Athis, Ségrie-Fontaine, Cahan, Berjou, St-Pierre-du-Regard (Husn.); Alençon (D.); Sées (Hom.); Chailloué, Mesniglaise (L.); St-Pierre-d'Entremont (Roncy).

Zygodon H. et T.

1. *Z. Mougeotii* B. E. — Dans les fissures des rochers siliceux humides. Pr. Eté. — TR. — St-Philbert (De Brébisson); St-Aubert-sur-Orne et St-Pierre du-Regard (Husn.).

2. *Z. viridissimus* Brid. — Sur les arbres. Pr. — C. mais rarement fertile. Je l'ai trouvé en belle fructification dans les bois du Pin-au-Haras.

Orthotrichum Hedw.

1. *O. Bruchii* Wils. — Sur les arbres, dans les bois et les forêts. Eté. — AR. — AC. dans la forêt d'Ecouves (L.); Alençon, Domfront (De Brébisson); Neuilly-le-Bisson (D.); Sérans, Batilli, Jouè-du-Plain, Heugon, La Trappe (L.).

2. *O. crispum* Hedw. — Mêmes stations que l'espèce précédente. Eté. — AC.

3. *O. crispulum* B. E. — Mêmes stations que les espèces précé

dentes. Eté. — R. — Forêt d'Ecouves (Hom.) ; Mesnil-Broult (D.); Heugon (L.).

4. *O. phyllanthum* B. E. — Sur les arbres. St. — TR. — Ste-Honorine-la-Chardonne, Flers (Husn.), Sées (Hom.).

5. *O. pulchellum* Sm. — Pr. — TR. — Sur les arbres, dans le jardin du séminaire de Tinchebray (Dubois).

6. *O. Lyellii* H. et T. — Sur les arbres isolés, dans les bois et les forêts. Eté. — AC.

7. *O. leiocarpum* B. E. — Sur les arbres isolés, dans les forêts, plus rarement sur les pierres. R. — C.

8. *O. affine* Schr. — Sur les arbres, et quelquefois les rochers et les pierres. Pr. — TC.

Var. *fastigiatum*. — C.

9. *O. tenellum* Bruch — Sur les troncs d'arbres, le long des avenues et des promenades publiques, et dans les champs et les vergers. Pr. — R. — Alençon (Husn). ; Sèes (Hom.); Argentan (De Brébisson, L.) ; Çà et là, sur les arbres, près N. D du Vallet à Monnai (L.).

10. *O. pumilum* Sw. — Mêmes stations que l'espèce précédente. Pr. — R. — Ste-Honorine-la-Chardonne (Husn.); Alençon (Husn., D.), Sèes (Hom.), Mortagne, Gacé, Udon, près Ecouché (L.).

11. *O. pallens* Bruch. — Sur les arbres des avenues et promenades publiques. Pr. — TR. — Champ de foire d'Alençon (Husn.). Dans le parc du séminaire, à Sèes (L.).

12. *O. fallax* Schp. — Sur les troncs d'arbres des avenues, au bord des routes, plus rarement sur les arbres des champs. Pr. — R. — Ste-Honorine-la-Chardonne (Husn.). C. à Alençon (D.); Sèes (Hom. et L.). Champ de foire d'Argentan, Urou, près Argentan (L.).

13. *O. diaphanum* Schr. — Sur les arbres, au bord des routes, des avenues, des champs, quelquefois sur les pierres. Hiv. Pr. — AC.

14. *O. obtusifolium* Schr. — Sur les troncs d'arbres. — TR. — Sèes (Hom.) ; sur des saules, au bord de l'Orne, à Macé, près Sèes (L.). Champ de foire d'Argentan sur les tilleuls (L.). — Les échantillons que M. Hommey m'a communiqués et ceux que j'ai moi-même recueillis dans les deux localités citées étaient stériles.

15. *O. rivulare* Turn. — Sur les pierres siliceuses et les racines d'arbres inondées. Pr. — R. — Sègrie-Fontaine, St-Philbert-sur-Orne (Husn.); Sèes (Hom.); Mesniglaise, St-Ouen-sur-Maire (L.).

16. *O. Sturmii* H. et T. — Sur les rochers siliceux. Pr. — AC. — Plusieurs auteurs, entre autres M. Boulay (*Muscinées de France,*

p. 237), M. Venturi (*Enumerazione critica dei muschi italiani*, p. 28), considèrent l'*O. Sturmii* comme une variété de l'*O. rupestre*.

17. *O. anomalum* Hedw. — Sur les murs et les rochers. Pr. — AC.

Var. *saxatile* Husn. — Mêmes stations que le type. — AC.

18. *O. cupulatum* Hoffm. — Sur les pierres et les rochers au bord des eaux, surtout quand elles sont chargées de calcaire. Pr. — R. — Sées (Hom.); Essay (D.); Sarceaux près Argentan (L.).

Var. *Rudolphianum*. — Neauphe-s.-Essay (L.).

Tetraphis Hedw.

1. *T. pellucida* Hedw. — Sur les souches pourries et les rochers siliceux. Pr. — AR. — Forêt d'Ecouves (L.); Saint-Céneri, Tanville (D.); Heugon, Sap-André, etc. (L.).

Encalypta Schr.

1. *E. vulgaris* Hedw. — Sur les murs et les rochers calcaires ou contenant du calcaire, très rarement sur les rochers siliceux Pr. — AC.

2. *E. streptocarpa* Hedw. — Sur les murs et les rochers calcaires. St. — AR. — Sées (Hom.). Sur la grotte saint Bernard à la Trappe, abondant sur les ruines de l'abbaye du Val-Dieu, Ecouché, Hablovile (L.), Saint-André d'Echauffour (L.), Alençon (D.).

Schistostega Mohr.

1. *S. osmundacea* W. et M. — Dans les excavations des talus, des chemins creux et ombragés des terrains siliceux. Pr. — R. — AC aux environs de Tinchebray (Husn., Roncy). Près la gare de Berjourou-Cahan, où M. Husnot m'a fait récolter, il y a deux ans, cette jolie petite mousse. Le *S. osmundacea* se retrouvera probablement dans d'autres localités sur les terrains siliceux, car il appartient à la zone silvatique inférieure.

Splachnum L.

1. *S. ampullaceum* L. — Dans les marais, sur les vieilles bouses de vache. Pr. Eté. — Forêt d'Ecouves (De Brébisson sec. Husn. *Flore du Nord-Ouest*, p. 98.)

Ephemerum Hampe.

1. *E. serratum* Hampe. — Sur la terre humide, dans les champs, les jardins et les lieux cultivés. Aut. Hiv. Pr. — AC.

Physcomitrella Schp.

1. *P. patens* Schp. — Sur la terre argileuse humide. Aut. — TR. — Sées (Hom.), Sérans (L.).

Physcomitrium Brid.

1. *P. piriforme* Brid. — Sur la terre argileuse humide. Pr. — AC.
2. *P. ericetorum* B. E. — Sur la terre argileuse dans les bruyères, et au bord des chemins dans les bois. Pr. — AC.
3. *P fasciculare* B. E — Au bord des chemins, dans les champs et les prairies; terrains argileux. Pr. — C.

Funaria Schr.

1. *F. calcarea* var. *hibernica* Husn. — Sur la terre qui recouvre les rochers siliceux dans notre région. Pr. — TR. — Sur le grès quartzeux à Boitron (Hom.) et à Villedieu près Trun (Husn.).
2. *F. hygrometrica* Hedw. — Sur les rochers, les murs, les emplacements à charbon dans les bois, etc. Pr. Eté. — TC.

Leptobryum Schp.

1. *L. piriforme* Schp. — Sur les murs, les rochers, dans les serres. Pr. — TR. — La Chapelle près Sées (Hom.).

Bryum L.

1. *B. nutans* Schr. — Sur la terre, dans les bruyères, rochers : terrains siliceux. Pr — AC.

Var. *robustum*. — Ségrie-Fontaine (Husn.).

2. *B. carneum* L. — Sur la terre argileuse, humide au bord des fossés, des rigoles. Pr. — TR. — Sées (Hom.), Sevray (L.), Alençon (D.).

3. *B. argenteum* L. — Sur la terre aride, les murs, dans les interstices des pavés, des briques, sur les rochers, etc. Hiv. Pr. — TC.

4. *B. atropurpureum* W. et M. — Dans les terrains arides calcaires ou contenant du calcaire. Pr. Eté. — AC.

5. *B. erythrocarpum* Schw. — Dans les bruyères, les lieux sablonneux arides, les clairières des bois. Eté —TR — Sèes (Hom.), Heugon (L.).

6. *B. murale* Wils.— Sur les murs. Pr. - C. à Alençon (D.); AC. aux environs d'Athis (Husn.); Ecouché, Le Sap, Monnai (L.). Cette espèce est sans doute assez répandue; elle avait été confondue jusqu'alors avec les *B. erythrocarpum* et *atropurpureum*.

7. *B. alpinum* L. — Sur les rochers siliceux, aux endroits où il se produit un suintement d'eau. St. — AR. — Alençon (D.). A plusieurs localités aux environs de Sèes (Hom., L.), Mesniglaise (L.), Domfront (Desportes ex Husn.); St-Quentin près Tinchebray (R.)

8. *B. cæspititum* L. — Sur la terre, les murs, les rochers. Pr. Eté. — TC.

9. *B. capillare* L. — Sur les murs, les rochers et les arbres. Pr. — TC.

Var. *cuspidatum*. — Rochers. — AC.

10. *B. bimum* Schreb. — Dans les marais. Eté. — TR. — Sèes (Hom.), Bellême (Réchin); St-Germain-d'Aunai (L).

11. *B. pseudotriquetrum* Schw. — Dans les marais et sur les rochers humides. Eté. — AC.

12. *B. roseum*. Schr.— Dans les haies et les bois ombragés. St.-AR.—Ste-Honorine-la-Chardonne, Mesnil-Hubert-sur-Orne (Husn.); St-Pierre d'Entremont (Roncy); Sèes (Hom.); Bellême (Réchin.).

Mnium L.

1. *M. undulatum* Hedw. — Sur la terre et les pierres humides, dans les bois, au pied des haies, au bord des ruisseaux. Pr. — AC.

2. *M. rostratum* Schw. — Sur les rochers, la terre, dans les lieux frais et ombragés. Pr. — AC.

3. *M. cuspidatum* Hedw. — Sur la terre, à la base des rochers, au pied des vieux troncs d'arbres, dans les lieux frais et ombragés. Pr. — AC.

4. *M. affine* Schw. — Sur la terre, dans les bois, au pied des haies, plus spécialement sur les terrains siliceux. Pr. — C.

5. *M. hornum* L. — Dans les bois et au pied des haies, exclusivement sur les terrains siliceux. Pr. — C.

6. *M. stellare* Hedw. — Dans les haies et les broussailles. St. — TR. — Sées (Hom.).

7. *M. punctatum* L. — Au bord des ruisseaux, des sources, dans les lieux humides des bois. Pr. — AC.

Aulacomnium Schw.

1. *A. androgynum* Schw. — Sur les rochers siliceux. St. — AR. — Roche d'Oître (Roncy); Chailloué (Hom.); La Roche-au-Diable, dans la forêt d'Ecouves, Mesniglaize (L.).

2. *A. palustre* Schw. — Dans les marais. Eté. Rarement fertile. — AC.

Bartramia Hedw.

1. *B. calcarea* B. E. — Au bord des ruisseaux, dans les terrains calcaires. St. — TR. — Au bord d'un petit ruisseau, non loin de l'étang de la Folle-Entreprise, à Saint-Langis-les-Mortagne, avec *Hypnum commutatum* (L.)

2. *B. fontana* Brid. — Au bord des sources, des ruisseaux et des rivières, dans les marécages. Eté — AC.

3. *B. marchica* Brid. — Rochers humides. St. — TR. — Cahan (Husn.).

4. *B. pomiformis* Hedw. — Sur la terre sablonneuse, au bord des chemins et sur les rochers siliceux. Pr. — C.

Atrichum Pal. Beauv.

1. *A. undulatum* P. B. — Sur les talus au bord des chemins, dans les bois, etc. Hiv. — TC.

Pogonatum Pal. Beauv.

1. *P. nanum* P. B. — Sur les talus au bord des chemins, dans les bois et les bruyères des terrains siliceux. Pr. — C.

2. *P. aloides* P. B. — Mêmes stations que l'espèce précédente. — AC.

var. *Dicksoni*. — Ségrie-Fontaine, Berjou (Husn.); Alençon (D.); Sées (Hom.); La Ferrière-Béchet, Saint-Ouen-sur-Maire, La Trappe (L.).

3. *P. urnigerum* Roehl. — Sur les talus des chemins, dans les terrains siliceux. Aut. — AR. — Segrie-Fontaine, Berjou, Pont-Erembourg (Husn.); Les Gâtées, près Alençon (D.); Chailloué, près Sées (Hom.); Bellême (Rèchin.).

Polytrichum L.

1. *P. commune* L. — Dans les marais et les tourbiers. Eté — AC.
2. *P. formosum* Hedw. — Dans les bois, aux endroits sablonneux secs, dans les bruyères et aux bords des chemins. Eté. — TC.
3. *P. gracile* Menz. — Dans les marais tourbeux. Pr. — TR. — Tourbières du Grand-Hazé à Briouze (Husn.).
4. *P. piliferum* Schr. — Dans les bruyères sèches et sur les rochers. Pr. Eté. — C.
5. *P. juniperinum* Hedw. — Dans les bruyères sèches et quelquefois sur les murs. Pr. Eté. — AC.
6. *P. strictum* Menz. — Dans les marais tourbeux — St. — Sées (De Brébisson); La Ferrière-Bèchet, La Trappe (L.).

Diphyscium Mohr.

1. *D. foliosum* Mohr. — Dans les vieux chemins des bois, des terrains siliceux et quelquefois sur les rochers. Aut. — AR. — AC. aux environs de Tinchebray (Roncy); plus rare dans l'Est du dépt. : Sées (Hom.), Forêt d'Ecouves, Jouè-du-Plain, Bois du Val-Dieu, près Mortagne (L.).

Buxbaumia L.

1. *B. aphylla* Hall. — Sur la terre dénudée, au bord des chemins. Pr. — TR. — La Chapelle-près-Sées (Hom.).

MOUSSES PLEUROCARPES

Fontinalis L.

1. *F. antipyretica* L. — Plante attachée aux bois et aux pierres, dans les ruisseaux et les rivières et flottant dans les eaux. Eté. — C.
var. *gigantea*. — Dans l'étang du Val-Gaillard, à Chaumont (L.).
var. *laciniata*. — Dans la Rouvre, à Sègrie-fontaine (Husn.).
2 *F. squamosa* L. — Sur les pierres, dans les rivières. Pr. — TR. — Sur le granit, dans l'Orne; dans la Vère à Athis, dans le

Lambron à la Lande Saint-Siméon, abondant dans la Rouvre à Sègrie-fontaine (Husn.).

Cryphæa Mohr.

1. *C. heteromalla* Mohr. — Sur les troncs d'arbes. Pr. — AC.

Leptodon Mohr.

1. *L. Smithii* Mohr. — Sur les arbres. Pr. — TR. — Sainte-Honorine-la-Chardonne (Husn.).

Neckera Hedw.

1. *N. crispa* Hedw. — Sur les troncs d'arbres et sur les rochers. Pr. Rarement fertile. — AR. — Saint-Aubert-sur-Orne (Husn.); Sèes (Hom.); Environs d'Alençon (D.); Le Pin-au-Hazas (L.).

var. *falcata* Boul. — Forêt de Bellême (Chevallier, *Muscinées de Mamers*, p. 8). M. Chevallier m'indique, dans une lettre, la localité précise de cette plante nouvelle pour le Nord-Ouest : Sur un chêne, entre Saint-Martin du Vieux-Bellême et la grande route de Bellême à Mortagne, non loin de certaines tourbières, où l'on trouve abondamment *Allium ursinum* et *Equisetum hyemale* (Chevall. in litt. ad auct.).

2. *N. pumila* Hedw. — Sur les troncs d'arbres, fréquemment sur les troncs de sapins, dans les bois et les forêts. Pr. — AC.

3. *N. complanata* B. E. — Sur les arbres et les rochers. Pr. — Assez rarement fertile. — TC.

Homalia B. E.

1. *H. trichomanoides* B. E. — Sur la terre, les bois et les pierres humides, surtout au bord des ruisseaux. Aut. — AC.

Leucodon Schw.

1. *L. sciuroides* Schw. — Sur les arbres et quelquefois les rochers et les pierres. St. — TC.

Antitrichia Brid.

1. *A. curtipendula* Brid. — Sur les troncs d'arbres, les rochers et quelquefois les toits de chaume. Pr. Rarement fertile. — AR. — Domfront, Athis, Sègrie-fontaine (Husn.); Saint-Christophe de Chaulieu (Roncy); Les Gâtées, près Alençon (D.). C. aux environs de Mamers (Chevallier). AC. aux environs de Mortagne, particulièrement

dans la forêt de Rênô et les bois du Val-Dieu, où il fructifie bien (L.). Monnai, Heugon (L.).

Pterygophyllum Brid.

1. *P. lucens* Brid. — Au bord des ruisseaux, des sources et dans les puits : terrains siliceux. Hiv. — AR. — Messei, Mesnil-Hubert, Cahan (Husn.); Alençon (De Brébisson) ; Les Gâtées, près Alençon (D.), Sées (Hom.), Sérans (L.), Forêt de Bellême (Chevallier).

Leskea Hedw.

1. *L. sericea* Hedw. — Sur les arbres, les rochers et les murs. Hiv. — TC.

2. *L. polycarpa* Ehr. — A la base des troncs d'arbres, sur les racines, les vieux bois, principalement au sud des rivières. Pr. — AC.

Anomodon H. et T.

1. *A. viticulosus* A. et T. — Sur les murs, les vieux bois, au pied des arbres. Pr. Rarement fertile ; ne paraît fructifier que dans les endroits frais et humides. TC.

Pterogonium Sw.

1. *P. ornithopodioides* Lindb. — Sur les rochers siliceux. St. — AC.

Cylindrothecium B. E.

1. *C. concinnum*. — Dans les endroits arides, gramineux, sur les terrains calcaires ou au moins contenant du calcaire. St. — AC. aux environs d'Argentan, d'Alençon, de Sées et de Mortagne.

Climacium W. et M.

1. *C. dendroides* Web. et M. — Sur la terre, dans les bois et les prés humides. Aut. Hiv. Rarement fructifié. — AC.

Isothecium Brid.

1. *I. myurum* Brid. — Au pied des arbres, dans les bois et sur les rochers. Pr. — C.

Heterocladium B. E.

1. *H. heteropterum* B. E. — Dans les excavations des rochers siliceux et sur les pierres, aux endroits frais et humides. St. — Châ-

teau-Guillaume (De Brébisson); Ségrie-fontaine, Saint-Aubert-sur-Orne (Husn.), Mesniglaise (L.).

Thyidium B. E.

1. *T. tamariscinum* B. E. — Dans les bois, sur la terre, les pierres et les troncs d'arbres, aux endroits frais et ombragés. Hiv. Assez rarement fertile. — TC.

2. *T. recognitum* Lindb. — Sur la terre, les pierres et les rochers; sur la terre aux endroits secs, arides, gramineux. Eté; presque toujours stérile. — R. — Mesnil-Hubert-s.-Orne; fructifié à Roche-d'Oître (Husn.); Alençon (D.); Vingt-Hanaps (Hom.); Sées, Joué-du-Plain, Goulet, Mortagne (L.).

3. *T. abietinum* B. E. — Sur les coteaux calcaires arides; je ne l'ai pas trouvé sur les terrains siliceux dans l'Orne. St. — AC.

Hypnum L.

1. *H. nitens* Schreb. — Dans les marais; St. — TR. — Tertu près Villedieu-les-Bailleul (De Brèbisson). La Trappe (L.).

2. *H. lutescens* Huds. — Dans les haies, au bord des chemins, dans les endroits secs, gramineux. — Pr. — C.

3. *H. salebrosum* Hffm. — Sur la terre au bord des chemins, au pied des haies, à la base des troncs d'arbres. — Pr. — R. ou méconnu. — Cahan (Husn.), Sées (Hom.); Montgaroult, Goulet, Heugon (L.).

var. *Mildeanum.* — Sarceaux près Argentan, La Chapelle-près-Sées (L.).

4. *H. glareosum* Bruch. — Sur les coteaux calcaires arides. St. — R. — Boitron, Sées (Hom., L.); Fontenay s.-Orne (L.); Mortagne (L.).

5. *H. albicans* Neck. — Sur les coteaux siliceux arides, dans les bruyères, et quelquefois sur les pierres. Pr. Rarement fertile. — AR. Sées (Hom.). Sur le tumulus de la Courbe, Saint-Ouen-sur-Maire, sur le granite à Argentan, sur les grès verts à Mortagne (L.), etc.

6. *H. rutabulum* L. — Sur la terre, les pierres, les rochers, au bord des chemins, au pied des arbres. Hiv. — TC.

7. *H. rivulare* Br. — Sur la terre, les pierres, les racines d'arbres, au bord des ruisseaux et des rivières. Aut. Hiv. Rarement fertile. — AR. — Saint-Aubert-sur-Orne, Ségrie-Fontaine (Husn.). Ça et là, sur les bords de l'Orne, à Sérans, Mesniglaise, La Courbe (L.); Bocquencé, dans les ruisseaux du Vallet à Monnai (L.).

8. *H. velutinum* L. — Sur les pierres, la terre, les vieilles souches, dans les bois et au pied des haies. Pr. — C.

var. *elongatum*. — Sur un rocher humide, à Cahan (Husn.).

9. *H. populeum* Hedw. — Sur les pierres et sur les racines d'arbres, dans les terrains siliceux. Hiv. — AC.

var. *rufescens*. — Neauphe-près Sées, Sérans (L.).

10. *H. plumosum* Sw. — Sur les pierres et les rochers siliceux, dans les ruisseaux et les rivières. Pr. — AR. — Sègrie-Fontaine (Husn.). A plusieurs localités aux environs de Sées (Hom., L.); Les Gâtées près Alençon (D.). Sérans, Heugon, près N. D. du Vallet à Monnai (L.).

11. *H. illecebrum* Schw. — Sur la terre et les rochers siliceux. Hiv. Rarement fertile. — AR. — Sées (Hom.) ; Alençon (D.). Sur les calcaires oolithiques renfermant de nombreux grains de quartz, à Jouè-du-Plain près Ecouché, sur les schistes à Boucè, sur des sables siliceux tertiaires dans la forêt de Réno, Mortagne, Le Sap-André (L.).

12. *H. cæspitosum* Wils. — Sur les murs, la terre et les rochers calcaires et siliceux. Hiv. Pr. — AR. — Sègrie-Fontaine (Husn.). Sérans, Mesniglaise, Vieux-Pont (L.).

13. *H. flagellare* Dicks. — Sur les rochers siliceux humides. — TR. — Fructifié aux Gatées, près Alençon (D.). Espèce nouvelle pour la Normandie.

14. *H. myosuroides* L. — Sur les rochers siliceux et les racines d'arbres. St. — AC.

15. *H. striatum* Schreb. — Sur la terre, les pierres, les vieilles souches. Hiv. — TC.

16. *H. crassinervium* Tayl. — Sur les rochers et les pierres dans les endroits frais et ombragés. St. — R. — AC. dans le canton d'Athis sur le granite (Husn.). Bois de la Lande à Sérans, Avoines (L.). La Perrière (Réchin).

17. *H. piliferum* Schr. — Sur la terre dans les haies et les bois. Pr. Rarement fertile. — AC.

18. *H. prælongum* L. — Sur la terre dans les champs, les prés et les bois. Hiv. — TC.

19. *H. pumilum* Wils. — Sur la terre humide au pied des haies. Pr. — TR. — Saint-Germain d'Aunay (L.).

20. *H. Stokesii* Turn. — Sur la terre humide au pied des arbres, dans les haies et les bois. Hiv. — C.

21. *H. tenellum* Dicks. — Sur les murs et les rochers calcaires

humides, principalement à la base. Pr. — AC. — Cette plante est très-répandue aux environs d'Ecouché.

22. *H. confertum* Dicks. — Sur les pierres et les rochers siliceux, aux endroits frais et ombragés. Aut. — AC.

23. *H. megapolitanum* Bland.— Sur la terre sablonneuse. Pr. — TR. — Sées (Hom.).

24. *H. murale* Hedw. — Sur les murs, les rochers et les pierres humides. Hiv. Pr. — AC.

25. *H. rusciforme* Weis. — Sur les pierres et les bois inondés. Aut. — C.

var. *prolixum*. — Moulin de la Queurie à la Courbe (L.).

var. *atlanticum*. — Neauphe-près-Sées (L.).

26. *H. alopecurum* L. — Sur la terre, les pierres, les vieilles souches, dans les endroits frais et ombragés. Pr. Rarement fertile. — AC.

27. *H. silesiacum* Selig. — Sur les troncs pourris dans les forêts. Eté. — TR. — La Ferrière-Béchet, dans la forêt d'Ecouves (Hom.). Suret (Rèchin).

28. *H. elegans* Hook. — Sur la terre dans les bois des terrains siliceux. St. — TR. — Bois de Flers (Husn.). Bois du Chesnai à Heugon (L).

29. *H. denticulatum* L. — Sur les bois pourris et les rochers siliceux humides. Pr. — AC.

30. *H. sylvaticum* L.—Mêmes stations que l'espèce précédente. Pr. — AC.

31. *H. undulatum* L. — Sur la terre dans les marais et les prairies humides. Eté. — AR. — Le Chatellier (Husn.). La Verrerie du Gast (Hom.). Les Gâtées près Alençon (D.). La Chapelle-près-Sées (L.). AC à Tinchebray (Roncy).

32. *H. serpens* L. — Sur la terre, les pierres et les rochers, les vieux bois, les racines d'arbres. Pr. Eté. — TC.

33. *H. irriguum* H. et W. — Sur les pierres siliceuses inondées au bord des ruisseaux et des rivières. Pr. — TR. — La Chapelle-près-Sées (Hom.). Saint-Ouen-sur-Maire (L.). Cuissai, La Fuie près Alençon (D.).

34. *H. fluviatile* Sw. — Sur les pierres et les racines d'arbres dans les ruisseaux et les rivières. Pr. — AR. — AC. dans le canton d'Athis (Husn.). Tanville près Sées (Hom.). Sérans, Mesniglaise, Heugon (L.).

35. *H. chrysophyllum* Brid. — Sur la terre dans les endroits secs,

arides, gramineux, plus rarement sur la terre humide. Eté. Rarement fertile.— AC. — M. Husnot (*Fl. du N.-O.*, p. 151) indique le *H. chrysophyllum* sur les terrains siliceux. Dans les nombreuses localités de l'Orne où je l'ai rencontrée, cette plante croissait sur des terrains calcaires, ou au moins contenant beaucoup de calcaire.

36. *H. stellatum* Schr. — Dans les marais ou les prairies marécageuses. Eté. — AC.

var. *protensum*. — C.

37. *H. polygamum* Schp.— Dans les marais. Eté.— TR. — Pouvray (Rèchin).

38. *H. riparium* L. — Au bord des eaux, sur les pierres, les bois, les racines d'arbres et les rochers. Pr. Eté. — AC.

var. *homomallum*. — AC.

39. *H. fluitans* L. — Dans les marais, les prairies marécageuses, les fossés remplis d'eau pendant l'hiver, etc. Eté. Rarement fertile. — AC.

var. *exannulatum*. — Doucet, près Sées (D.).

40. *H. aduncum* Hedw. —Dans les marais. St. — La Trappe (L.).

41. *H. vernicosum* Lindb.—Dans les marais. St.—La Trappe (L.).

42. *H. intermedium* Lindb. — Dans les prairies humides. St. — Bazoches-en-Houlme (Olivier).

43. *H. rugosum* Schp. — Dans les endroits secs, arides, gramineux. St. — Alençon (D.). Cette espèce se retrouvera probablement dans beaucoup d'autres localités ; M. Chevallier l'indique comme très-commune aux environs de Mamers.

44. *H. cupressiforme* L. — Sur la terre, les arbres, etc. Hiv. Pr Eté. — TC.

var. *ericetorum, tectorum, mamillatum, filiforme*. — Ça et là.

45. *H. resupinatum* Vils. — Sur les troncs d'arbres. Hiv.—Les Tailles à Sérans près Ecouché, Saint-Germain d'Aunai (L.).

46. *H. arcuatum* Lindb. — Sur les terrains argileux dans les prairies, au bord des chemins parmi les graminées. St. — Sérans (L.); AC. sur le diluvium des plateaux dans le nord-est du dépt. (L.). Les Aulnaies près Alençon (D.), et probablement ailleurs.

47. *H. falcatum* Brid. — Au bord des ruisseaux des terrains calcaires. St. — Près l'étang de la Folle-Entreprise, à Saint-Langis-les-Mortagne (L.). M. Roncy a retrouvé cette plante d'après mes indications.

48. *H. commutatum* Hedw. — Mêmes stations que l'espèce précédente. St. — AR. — Alençon (D). Argentan (De Brébisson). Bazo-

ches-en-Houlme (Olivier). Sées (Hom., L.). Saint-Langis-les-Mortagne (L.).

49. *H. filicinum* L. — Sur les pierres, les vieux bois et la terre, au bord des ruisseaux et dans les lieux humides ; très-commun sur les terrains argileux, sans doute à cause de leur humidité. Pr. Très-rarement fertile. — TC.

var. *trichodes*. — Mortagne (L.).

50. *H. molluscum* Hedw. — Sur la terre dans les lieux secs ou humides, quelquefois sur les rochers. Pr. Rarement fertile. — AC.

var. *condensatum*. — Dans les bois. — AC.

51. *H. cordifolium* Hedw. — Dans les marécages. St. — R. — Neuilly-le-Bisson (D.); La Chapelle-près-Sées (L.). Saint-Christophe de Chaulieu (Roncy).

52. *H. giganteum* Schp. — Dans les marécages. St. — R. — Alençon (Gillet), Valframbert (D.), Vingt-Hanaps (Hom.).

53. *H. cuspidatum* L. — Dans les marécages, les prairies humides, au bord des chemins, etc., sur la terre humide. Pr. — TC.

54. *H. Schreberi* Wild. — Dans les bruyères, les bois, eaux, lieux à demi ombragés. Aut. Rarement fertile. — AC.

55. *H. purum* L. — Dans les prairies, les lieux gramineux, etc. Hiv. Pr. — TC.

56. *H. splendens* L. — Dans les bois et les bruyères. Pr. Rarement fertile. — C.

57. *H. squarrosum* L. Dans les lieux humides, argileux, au bord des chemins, dans les bois, les prairies. Hiv. Pr. — Très-rarement fertile. — C.

58. *H. loreum* L. — Dans les bois des terrains siliceux. Pr. — AC.

59. *H. triquetrum* L. — Dans les bois, les haies, etc. Hiv. Pr. Rarement fertile. — TC.

60. *H. brevirostrum* Ehr. — Dans les bois sur la terre, les rochers et quelquefois sur les racines au pied des arbres. Hiv. Pr. — AC.

Andreæa Ehrh.

1. *A. rupestris* B. E. — Sur les rochers siliceux. Pr. — R. — Saint-Pierre d'Entremont (Dubourg d'Isigny) ; Le Chatellier, Pont-Erembourg, Roche d'Oître (Husn.). Mesniglaise (L.).

var. *falcata*. — Bois du Mesnil à Ségrie-Fontaine (Husn.).

2. *A. petrophila* Ehr. — Sur les rochers siliceux. Pr. — Saint-Pierre d'Entremont (Roncy). C'est la seule localité où cette mousse ait été trouvée jusqu'alors dans le nord-ouest.

Sphagnum Dill.

Toutes les espèces de ce genre croissent dans les tourbières, les marais, les marécagés des bois et des bruyères ; elles fructifient pendant l'été.

1. *S. cymbifolium* Ehr. — C.

2. *S. rigidum* Schp. — TR. — Domfront (De Brèbisson); La Chapelle-près-Sées (Hom.).

3. *S. tenellum* Ehr. — TR. — La Trappe (L.).

4. *S. subsecundum* N. et H. — C.

var. *contortum*. — C. dans la forêt de Chaumont (L.).

5. *S. squarrosum* Pers. — R — Sées (Hom.). La Trappe, La Ferrière-Béchet (L.). Tanville (D.).

6. *S. fimbriatum* Wils. — TR. — Sées (Hom.).

7. *S. acutifolium* Ehr. — C.

8. *S. cuspidatum* Ehr. — TR. — La Trappe (L.). Sées (Hom.).

Obs. Il est certain que de nouvelles recherches feront découvrir dans nos régions un grand nombre de variétés de *Sphagnum*, et sans doute aussi plusieurs espèces, telles que *S. intermedium*, *rubellum*, etc., admises par certains auteurs, et contestées par d'autres. Les bryologues, en effet, sont loin de s'entendre sur le nombre des espèces européennes. Le différend vient de ce que tous n'accordent pas aux mêmes organes une égale valeur spécifique. Les uns considèrent surtout les cellules, d'autres insistent principalement sur la forme des feuilles, leur direction, l'agencement des rameaux, etc. — On peut consulter sur ces questions, qui ne doivent pas être discutées ici : Warnstorf *(Die Europaischen Torfmoose)*. Cet auteur, dans un chapitre intitulé *Literatur der Torfmoose, p. 22,* fait un excellent résumé des ouvrages composés sur les Sphaignes, et des classifications proposées par les botanistes, depuis Bridel *(Bryologia universa,* 1826) jusqu'à M. Braithwaite *(The Sphagnaceæ or Peat-Mosses of Europe and North America,* 1880). Plus récemment M. Lindberg, professeur à l'Université d'Helsingfors, a donné pour le genre *Sphagnum* une nouvelle classification *(Europas och Nord Amerikas Hvitmossor,* 1882), qui s'éloigne assez peu de celle déjà proposée par lui dans *Torfmoosornas byggnad utbredning och systematiska uppstallning* (1861), et plusieurs autres ouvrages.

HÉPATIQUES

JUNGERMANNIACÉES

Sarcoscyphus Corda

1. *S. emarginatus* Boul. — Dans les bruyères et principalement sur les rochers des terrains siliceux. — AC.

2. *S. Funckii* Nees. — Sur la terre au bord des chemins, dans les bruyères et sur les rochers siliceux. — AC.

Alicularia Corda

1. *A. scalaris* Corda. — Sur la terre des rochers siliceux au bord des chemins, assez souvent associé au *D. heteromallum*. — C.

Plagiochila Dum.

1. *P. spinulosa* Dum. — Sur les rochers siliceux. — TR. — Sur les rochers des Gatées dans la forêt d'Ecouves (De Brébisson, D.).

var. *tridenticulata*. — Même localité (D.).

2. *P. asplenioides* Dum. — Sur la terre dans les bois et les forêts, au pied des arbres, parmi les mousses. — C.

Scapania Dum.

1. *S. compacta* Dum. — Dans les bois, les bruyères, les landes, les coteaux pierreux et découverts. — AC.

2. *S. undulata*. — Sur les pierres humides au bord des ruisseaux et des rivières. — C. Plus répandu que l'espèce précédente.

3. *S. nemorosa* Dum. — Sur la terre et les rochers dans les bois.— AC.

Jungermannia L.

1. *J. albicans* L. — Sur la terre dans les bois, sur les talus, les fossés et les rochers siliceux. — TC.

2. *J. exsecta* Schm. — Sur les coteaux pierreux et dans les bruyères. — TR. — Alençon (De Brébisson).

3. *J. minuta* Crantz. — Rochers et bruyères, au milieu des

mousses. — TR. — Forêt d'Ecouves et Roche d'Oitre (De Brébisson).

4. *J. Schraderi* Mart. — TR. — Rochers de granit à Château-Guillaume (De Brébisson).

5. *J. ventricosa* Dicks. — Sur les rochers siliceux, la terre, aux endroits ombragés. — AC.

var. *gemmipara*. — Aussi répandue que le type.

6. *J. intermedia* Lind. — Sur les coteaux pierreux. — Roche d'Oitre (De Brébisson).

7. *J. barbata*, var. *Lyoni* Tayl. — Ségrie-Fontaine (Husnot).

var. *quinquedentata*. — Rochers siliceux. — Les Gâtées, près Alençon (D.). La Roche au Diable dans la forêt d'Ecouves, Mesnilglaise (L.).

8. *J. divaricata* Sm. — Dans les bruyères, sur les rochers. — C.

9. *J. bicuspidata* L. — Dans les allées des bois, le revers des fossés, aux lieux frais et ombragés. — TC.

10. *J. setacea* Web. — Dans les lieux humides, les marais, les bois. — R. — Tinchebray (Roncy); La Trappe (L.).

Sphagnœcetis Nees.

1. *S. communis* Nees. — Au milieu des touffes de *Sphagnum*, dans les marais et les tourbières. — AR. — La Chapelle-près-Sées (L., D.). La Trappe (L.). La Ferrière-Béchet (L.).

Lophocolea Dum.

1. *L. bidentata* Nees. — Sur la terre, les rochers, aux lieux ombragés. — TC.

2. *L. Hookeriana* Nees. — Mêmes stations que l'espèce précédente. — TR. — Ségrie-Fontaine (Husn.).

3. *L. heterophylla* Dum. — Sur la terre et les bois pourris aux endroits ombragés. — TR. — Près la gare de Berjou-Cahan (Husn.).

Chiloscyphus Corda.

1. *C. polyanthus* Nees. — Au bord des rivières, des ruisseaux. — C.

Calypogeia Raddi.

1. *C. trichomanis* Corda. — Dans les chemins ombragés et humides des bois. — C. ainsi que la var. *propagulifera*.

Lepidozia Dum.

1. *L. reptans* Dum. — Sur les rochers, les troncs pourris, au milieu des mousses. — C.

Mastigobryum Nees.

1. *M. trilobatum* Nees. — Sur les rochers siliceux. — R. — Alençon (De Brèbisson) ; Le Chatellier (Husn.).

Trichocolea Dum.

1. *T. tomentella* Dum. — Dans les marais, au bord des sources et des ruisseaux. — AR. — AC. dans l'arrondissement de Domfront (Husn.). Les Gatées, près Alençon (D.). La Ferrière-Bèchet (L.), forêt de Bellême (Chevallier).

Ptilidium Nees.

1. *P. ciliare* Nees. — TR. — De Brèbisson dit du *P. ciliare* dans son Catalogue, p. 9 : « J'ai trouvé cette espèce, en 1826, sur les rochers des Gatées, dans la forêt d'Ecouves, près d'Alençon, où M. Le Bailly l'a recueillie de nouveau en 1839 ». M. Duterte a revu cette Hépatique dans la même localité.

Radula Dum.

1. *R. complanata* Dum. — Sur les troncs d'arbres. — TC.

Madotheca Dum.

1. *M. lævigata*. — Sur les troncs d'arbres et les rochers. — AC.
2. *M. platyphylla*. — Sur les arbres, les rochers et quelquefois sur les murs. — TC.
3. *M. Porella*. — Sur les rochers, les pierres et les bois, aux bords des rivières. — C. dans la Rouvre et ses affluents (Husn.).

Lejeunia Lib.

1. *L. minutissima* Dum. — Sur les troncs d'arbres. — AC.
2. *L. serpyllifolia* Dum. — Sur les rochers, les troncs d'arbres, sur les mousses. — AC.

Frullania Raddi.

1. *F. dilatata* Dum. — Sur les troncs d'arbres, les tas de pierres, les rochers. — TC.

2. *F. Tamarisci* Dum. — Sur les rochers et les troncs d'arbres. — Répandu, mais cependant moins commun que l'espèce précédente.

Fossombria Raddi.

1. *F. pusilla.* — Sur la terre argileuse, dans les champs, les talus des fossés, au bord des eaux. — AC.

Pellia Raddi.

1. *P. epiphylla* Corda. — Au bord des ruisseaux, des sources, dans les endroits humides des bois. — C.

Aneura Dum.

1. *A. pinguis* Dum. — Dans les bois humides, les prairies, au bord des cours d'eau. — C.

2. *A. pinnatifida* Dum. — Dans les ruisseaux et les lieux humides des bois. — TR. — Près la gare de Berjou-Cahan, la Lande Saint-Siméon (Husn.).

3. *A. multifida* Dum. — Au bord des ruisseaux, dans les lieux humides et dans les marais. — AC.

Metzgeria Raddi.

1. *M. furcata* Nees. — Sur les racines au pied des arbres, sur les troncs et les rochers. — C.

MARCHANTIACÉES.

Lunularia Micheli.

1. *L. vulgaris* Micheli. — Dans les serres, les allées des jardins, quelquefois sur les décombres. — Sées, Argentan (L.) et sans doute ailleurs.

Marchantia L.

1. *M. polymorpha* L. — Au bord des eaux, dans les endroits marécageux. — C.

var. *minor*. — Dans les bois, aux endroits où l'on a fait du charbon. — Assez répandu.

Fegatella Raddi.

1. *F. conica* Raddi. — Sur les pierres, les rochers et la terre, principalement au bord des ruisseaux. — AC. Cette espèce abonde et fructifie, çà et là, au bord du Guiel, au Sap-André, Heugon, etc.

Reboullia Raddi.

1. *R. hemisphærica* Raddi. — Sur la terre, aux endroits ombragés, dans les lieux humides, au bord des chemins, sur les murs et les rochers. — AC. aux environs d'Alençon (D.). Mortagne, Sées, Gacé (L.).

Anthoceros Micheli.

1. *A. punctatus* L. — Dans les champs des terrains calcaires et argilo-calcaires, aux endroits humides. — Disséminé çà et là sur les terrains calcaires, aux environs de Sées, de Mortagne et d'Argentan; semble plus rare sur les terrains siliceux : A rechercher sur l'oxfordien, aux environs de Courtomer, au Merlerault, etc.

2. *A. lævis* L. — Mêmes stations et mêmes localités que l'espèce précédente.

Targionia Micheli.

1. *T. hypophylla* L. — Sur la terre qui recouvre les rochers siliceux. — R. — A plusieurs localités aux environs d'Alençon (D.). Mesniglaise, Boitron (L.). La Perrière (Chevallier).

Riccia Micheli.

1. *R. glauca* L. — Dans les champs et au bord des chemins, sur la terre dénudée aux endroits humides. — C.

2. *R. crystallina* L. — Sur la vase, au bord de l'étang de la Fresnaie-au-Sauvage (De Brébisson).

3. *R. natans* L. — Dans les eaux stagnantes. — Le Pin-au-Haras (Duhamel sec. *Husn. Catalogue des Hépatiques du N.-O.*).

Le total des Muscinées récoltées dans l'Orne se répartit ainsi : Mousses 260, Sphaignes 7, Hépathiques 52. Cette énumération est sans doute loin d'être complète ; des travaux ultérieurs augmenteront le nombre des espèces et permettront aussi de signaler beaucoup d'autres localités à la suite des plantes rares ; les Hépatiques surtout, fort peu étudiées jusqu'alors dans notre région, exigent de nouvelles recherches.

FIN

www.ingramcontent.com/pod-product-compliance
Ingram Content Group UK Ltd.
Pitfield, Milton Keynes, MK11 3LW, UK
UKHW020349250726
13967UKWH00005B/2197